Analytische Methoden
für
Thomasstahlhütten-Laboratorien.

Zum Gebrauche für Chemiker und Laboranten

bearbeitet

von

Albert Wencélius,

Chef-Chemiker der Werke zu Neuves-Maisons der Hüttengesellschaft
Châtillon, Commentry und Neuves-Maisons, ehemaliger Chef-Chemiker
der Stahlwerke von Micheville und Differdingen.

Autorisierte deutsche Ausgabe

von

Ed. de Lorme,
Chemiker.

Mit 14 in den Text gedruckten Figuren.

Springer-Verlag Berlin Heidelberg GmbH 1903

ISBN 978-3-662-38637-8   ISBN 978-3-662-39493-9 (eBook)
DOI 10.1007/978-3-662-39493-9
Softcover reprint of the hardcover 1st edition 1903

Alle Rechte vorbehalten.

Vorwort.

Dieses kleine Buch verdankt seine Entstehung einer Zusammenstellung schriftlicher Notizen über analytische Methoden, welche nach mannigfachen Modifizierungen schließlich in denjenigen metallurgischen Laboratorien eingeführt wurden, wo der Verfasser seit zwölf Jahren tätig gewesen ist.

Ursprünglich nur für die Laboranten des Eisenhütten-Laboratoriums zu Differdingen bestimmt, wurden diese gesammelten Notizen ins Deutsche übersetzt und veröffentlicht; während der vorliegenden zweiten deutschen Bearbeitung die vollständigere französische Ausgabe zu Grunde liegt, welche im Verlag von Ch. Béranger, Paris 1902 erschien.

Das Buch ist leichtverständlich geschrieben, es enthält nichts Neues in Bezug auf Methoden, sondern nur hinsichtlich deren Anordnung und ist in erster Linie für Laboranten bestimmt, welche viel leisten müssen, ohne große Studien gemacht zu haben. Für diese wichtigen Hilfskräfte jedes metallurgischen Laboratoriums existiert, meines Wissens, kein praktisches Handbuch. Die analytischen Lehrbücher sind im allgemeinen nicht für sie geschrieben, die in ihnen aufgeführten zahlreichen Methoden sind selten ihrem Verständnis angepaßt, erfordern langes Nachsuchen und führen oft zu Irrtümern.

Daher zeichnen sich die in diesem Buche beschriebenen Methoden durch verhältnismäßige Einfachheit und genügende Genauigkeit aus, vermöge deren sie für die laufenden Arbeiten großer Hüttenlaboratorien leicht anwendbar sind. Einzelne der Methoden sind fast überall mustergültig, z. B. die Methode Volhard, welche in Lothringen wie in Belgien, in Luxemburg und Westfalen allgemein angewandt wird. Die Methode Schulte-Franke zur Bestimmung des Schwefels entstammt der von Campredon, Schulte und Franke modifizierten Methode Rollet und ist in Deutschland sehr verbreitet. Die elegante Scheidersche Methode zur Bestimmung des Mangans im Stahl ist amerikanischen Ursprungs und findet besonders im östlichen Frankreich Anwendung. Die für Eisenbestimmungen so bequeme Methode Reinhardt wird dem schnell arbeitenden Chemiker immer unentbehrlicher. Hervorzuheben wäre auch, daß die Wagnerschen Methoden zur Bestimmung der Gesamt- oder löslichen Phosphorsäure von allen Thomasstahlhütten-Laboratorien angewandt werden müssen, welche ihre Nebenprodukte an die **Vereinigten Thomasphosphatwerke** verkaufen. Der alte Ausdruck „citratlösliche Phosphorsäure" ist durch „zitronensäurelösliche Phosphorsäure" ersetzt, und die Methode bedeutend vereinfacht worden.

Schließlich mögen hier einige, der Vorrede der der ersten deutschen Ausgabe entlehnte Worte Platz finden.

Die analytischen Arbeiten der Eisenhütten-Laboratorien sind infolge der großen Zahl der auszuführenden Bestimmungen fast mechanisch geworden.

In den Laboratorien mancher Werke Westfalens (z. B. in „Rote-Erde" bei Aachen) werden täglich 380 bis 400 Bestimmungen ausgeführt. Die Zahl der in Micheville und Differdingen ausgeführten Bestimmungen betrug monatlich 5600 resp. 8500 bei einem Personal von nur zwei Chemikern und sechs Laboranten. In sehr vielen Thomasstahlwerken rechnet man durchschnittlich etwas mehr als sieben Bestimmungen für jede Charge Stahl.

Die meisten jener zahlreichen Analysen können gewissenhaften, von ihrem Chef gut angelernten Laboranten überlassen bleiben. Man kann nicht gut von einem Chemiker verlangen, daß er längere Zeit hindurch, beispielsweise nichts anderes als Phosphorbestimmungen im Stahl oder Feuchtigkeitsbestimmungen im Koks ausführt. Junge Leute, von denen man nur Sauberkeit, Ordnung, Disziplin und ein wenig Geschick voraussetzt, werden die laufenden analytischen Arbeiten genau ebenso gut, ich möchte fast sagen, besser ausführen.

Das Personal eines gut eingerichteten Laboratoriums sollte einen Chef, einen oder zwei Chemiker und eine verhältnismäßige Anzahl von Laboranten umfassen. Die Laboranten lernen allmählich alle laufenden Bestimmungen kennen und wechseln mit jeder Woche ihre Arbeiten, indem sie nur analytisch ausgebildet und nicht mit Probeentnahmen oder andern Laboratoriumsarbeiten beschäftigt werden.

Daher hat man einen besonderen Probentnehmer und einen Präparator für alle jene Arbeiten, welche nicht rein analytisch sind, zur Verfügung.

Die Arbeiten der Laboranten müssen natürlich gut überwacht und kontrolliert werden, daher müssen auch die zu erlernenden Methoden so genau beschrieben sein, daß sie dem Arbeitenden keinerlei Zweifel oder Abweichungen gestatten. Um vergleichbare Resultate zu erhalten, muß immer auf die gleiche

Art und Weise gearbeitet werden; und da die Arbeiten mechanisch sind, müssen auch die Methoden mechanisch beschrieben werden. Zur Vereinfachung der mathematischen Berechnung und zur Vermeidung hieraus oft entstehender Fehler folgen daher auf die beschriebenen Methoden leicht verständliche Tabellen, vermöge deren man durch einfache Addition zu den Resultaten gelangt.

Bekanntlich sollen die zur Betriebskontrolle dienenden laufenden Untersuchungen keine absolut genaue, sondern nur relativ genaue, d. h. vergleichbare Resultate liefern. Zur ständigen Kontrolle sämtlicher Laboratoriums-Untersuchungen dienen dagegen die in den Seite 92 verzeichneten Lehrbüchern angegebenen genaueren speziellen chemischen Methoden, welche nur von dem Chef und seinen Chemikern angewandt werden.

Ich habe versucht, jede Methode mit dem Namen ihres Erfinders zu bezeichnen. Hierbei stößt man jedoch auf Schwierigkeiten, weil fast alle Methoden mehr oder weniger modifiziert worden sind, und weil es sehr schwierig ist, in der umfangreichen einschlägigen Literatur die Namen der ersten Entdecker festzustellen. Ich bitte daher um geneigte Nachsicht, wenn sich unfreiwillige Irrtümer eingeschlichen haben sollten.

Schließlich wünsche ich, daß mein kleines, in der Praxis entstandenes Buch dem Laboranten der Thomasstahlhütten-Laboratorien ein willkommener Leitfaden ist, und daß auch der metallurgische Chemiker es mit Interesse durchblättern möge.

A. Wencélius.

Inhaltsverzeichnis.

                                           Seite

I. Probenbereitung.
   A. Entnahme und Bereitung der Proben . . . 1
   B. Feuchtigkeitsbestimmungen in Eisen- und Manganerzen, Kalk, Dolomit und Brennmaterialien 4

II. Bereitung der Reagenzien.
   A. Bereitung der titrierten- und Normallösungen 5
   B. Vorschriften zur Bereitung der nicht titrierten Lösungen 8
   C. Konzentration der angewandten Säuren und des Ammoniaks 13
   D. Verzeichnis anderer erforderlicher Chemikalien 15

III. Untersuchungen.
   1. Übersicht der von den Laboranten auszuführenden Bestimmungen 17
   2. Bemerkungen zur genauen volumetrischen Analyse 17
   3. Bestimmung des Glühverlusts der Eisen- und Manganerze, des Kalks und Dolomits. Aschengehalt der Brennmaterialien 19
   4. Bestimmung der flüchtigen Bestandteile und des festen Kohlenstoffs der Steinkohlen, nach Muck 20

	Seite
5. Bestimmung des Schwefelgehalts der Brennmaterialien, nach Eschka	21
6. Eisenerzanalyse, Bestimmung von SiO_2, Mn, P, Al_2O_3, CaO, MgO	22
7. Eisenbestimmung in Eisen- und Manganerzen, Hochofen- und Thomasschlacken und Ferromanganen, nach Reinhardt	25
8. Analyse der Hochofenschlacken. Bestimmung von SiO_2, Al_2O_3, CaO, MgO, Mn	27
9. Manganerzanalyse. Bestimmung von SiO_2 und Mn, nach Volhard-Wolff . . . . . '.	28
10. Schwefelbestimmung in Eisen- und Manganerzen, nach Ledebur	30
11. Bestimmung des Siliciums im Roheisen, Stahl, Spiegeleisen, Ferromangan und Ferrosilicium	30
12. Schwefelbestimmung im Roheisen und Stahl, nach Schulte Franke	31
13. Manganbestimmung im Stahl, nach Schneider	34
14. Manganbestimmung im Roheisen und Stahl (Methode „Rote Erde")	35
15. Phosphorbestimmung im Roheisen und Stahl, nach Pittsburgh	35
16. Bestimmung des Gesamt-Kohlenstoffs im Roheisen und Stahl, nach Särnström . . .	37
17. Bestimmung des gebundenen Kohlenstoffs im Stahl, nach Eggertz-Spuller	41
18. Kupferbestimmung im Roheisen und Stahl, nach Reis.	43
19. Manganbestimmung im Ferromangan und Spiegeleisen, nach Volhard-Wolff	45
20. Bestimmung der Gesamt-Phosphorsäure in Thomasschlacken, nach Wagner	45
21. Bestimmung der zitronensäurelöslichen Phosphorsäure in Thomasschlacken, nach Wagner	47

Inhaltsverzeichnis.

		Seite
22. Analyse des Kalks und Dolomits. Bestimmung von SiO_2, CaO, MgO und $Fe_2O_3+Al_2O_3$		48
23. Direkte Bestimmung der Tonerde		50

IV. Berechnung.

Tabelle	I.	Atomgewichte der wichtigsten Elemente	51
„	II.	Berechnung des Siliciums	52
„	III.	Berechnung des Schwefels, nach dem Niederschlag von CuO	53
„	IV.	Berechnung des Phosphors	54
„	V.	Berechnung des Mangans, nach der Methode Schneider	56
„	VI.	Berechnung des Mangans, nach den Methoden Volhard-Wolff und „Rote Erde"	57
„	VII.	Berechnung des Kalks	58
„	VIII.	Berechnung des Eisens	59
„	IX.	Umrechnung von Fe zu Fe_2O_3	60
„	X.	Umrechnung von Mn zu Mn_3O_4	60
„	XI.	Umrechnung von P zu P_2O_5	60
„	XII.	Berechnung der Magnesia	62
„	XIII.	Berechnung des Schwefels, nach dem Niederschlag von $BaSO_4$	63
„	XIV.	Berechnung der Phosphorsäure der Thomasschlacken	64
„	XV.	Berechnung des Kohlenstoffs, aus dem Gewicht an Kohlensäure	65
„	XVI.	Berechnung der Tonerde, aus dem Gewicht an Aluminiumphosphat	66
„	XVII. XVIII.	Umrechnungen von Fe und Mn zu FeO und MnO	67

V. Anhang.

1. Einteilung der Eisenerze	69
2. Einteilung der Manganerze	70

	Seite
3. Einteilung der kalk- und magnesiahaltigen Gesteine	70
4. Einteilung der Steinkohlen, nach Ledebur	70
5. Beziehungen zwischen Beaumé-Graden und spezifischen Gewichten von Flüssigkeiten, die schwerer sind als Wasser	71
6. Beziehungen zwischen Beaumé-Graden und spezifischen Gewichten von Flüssigkeiten, die leichter sind als Wasser	72
VI. Ergänzungen.	
A. Bestimmung von Staub und Feuchtigkeit in Hochofengasen	73
B. Vollständige Analyse der Hochofen- und Generatorgase	77
Literatur	92

I. Die Probenbereitung.

A. Entnahme und Bereitung der Proben.*)

Der Probennehmer verfügt, neben der Bohrmaschine, über alle zur Probenbereitung nötigen Werkzeuge, wie sie bei Campredon beschrieben sind.

Zur Zerkleinerung von Koks, Steinkohlen und auch von Erzen benutzt man zweckmäßig Mühlen mit verstellbaren Zahnrädern (Figur 1), von denen jede nur für ein und dieselbe Substanz dient. Bei jedesmaliger Anwendung wirft man die ersten Teile der gemahlenen Masse weg und beseitigt damit den in der Mühle gebliebenen Rest von der vorhergehenden Probe, ohne einer weiteren Reinigung zu bedürfen.

Bei der Probenentnahme von Thomasschlackenmehl aus Säcken bedient man sich besonders konstruierter Sonden, die etwas länger und weniger dick, als die bei Campredon angegebenen, sein müssen.

Die Proben des Ferrosiliciums und Ferromangans müssen im Abichschen Stahlmörser sorgfältig zerrieben werden, so daß sie durch die Maschen der feinsten Siebe gehen. Hochofenschlacken sind vor der Zerkleinerung mit Hilfe eines Magnets von Eisenteilen zu befreien.

---

*) Bei Campredon — siehe die Literaturangaben Seite 92 — ist das wichtige Kapitel der Probennahme eingehend behandelt, daher sei auf dieses Werk, welches in keiner Bibliothek eines metallurgischen Laboratoriums fehlen sollte, an dieser Stelle besonders verwiesen.

I. Die Probenbereitung.

Für jede zu analysierende Substanz gebraucht man ein besonderes, nur hierfür dienendes Sieb, dessen Maschen nach jedesmaligem Gebrauch sorgfältig zu reinigen sind.

Der Probennehmer achte sorgfältig darauf, daß die letzten auf dem Sieb zurückbleibenden harten Teilchen nicht weggeworfen, sondern weiter zerkleinert werden, bis sie ebenfalls durch das Sieb gehen.

Fig. 1. Zerkleinerungsmühle.

Die gewöhnlich gebrauchten Siebe haben folgende Größen:

Durchmesser	Maschenweite	
22 cm	5 mm	} aus galvanisiertem Eisendraht
19 „	2 „	
16 „	1 „	
14 „	$1/2$ „	} aus Messingdraht
11 „	$1/4$ „	

Bei der Entnahme der Proben von Stahl und grauem Roheisen vermittelst einer elektrisch getriebenen Bohrmaschine achte man darauf, daß die Oberfläche des Metalls mit einer Karborundumscheibe oder einer Eisenfeile vor der

I. Die Probenbereitung.

Bohrung gereinigt werde. Man nehme einen Flachbohrer aus gehärtetem Tiegelgußstahl und trockne ihn vor dem Gebrauch. Die Verwendung von Wasser oder Öl ist natürlich ausgeschlossen. Ist man aus irgend einem Grunde genötigt, eine Feile zu gebrauchen, so wähle man eine neue, reinige sie mit Benzin und lasse sie an der Luft trocknen. Wenn die zu untersuchenden Metallspäne außerhalb des Laboratoriums gebohrt worden waren und verunreinigt erscheinen, müssen sie ebenfalls mit Benzin gewaschen und dann an der Luft getrocknet werden.

Man beachte ferner wohl, daß die Feinheit der zu analysierenden Substanz der beste Bürge für richtig bereitete Probe ist, und daß, je feiner man den zu untersuchenden Körper pulvert, desto zahlreicher die Berührungsflächen mit den auflösenden Reagenzien werden.

Der Analytiker zerreibe stets die zur Untersuchung erforderliche Menge des Erzes nochmals im Achatmörser und nehme niemals direkt die Proben zur Wägung, welche ihm der Probenbereiter übergeben hat.

Die Probenentnahme und die Probenbereitung können nicht sorgfältig genug vorgenommen werden, da sie ebenso wichtig sind wie die Analyse. Man ist oftmals geneigt, den Chemiker für Differenzen in den Analysen zweier Proben einer und derselben Substanz verantwortlich zu machen, während die Unterschiede in den Resultaten am häufigsten der ungleichmäßigen Zusammensetzung der Substanz oder einer fehlerhaften Probenentnahme zuzuschreiben sind.[*]

Grundsätzlich darf man zwei oder mehr Analysen, die von verschiedenen Chemikern ausgeführt worden sind, nur dann miteinander vergleichen, wenn zur Untersuchung ein und dieselbe Probe benutzt wurde.

Die ungleichmäßige Zusammensetzung ist besonders beim Roheisen und Stahl genügend bewiesen, und man findet merkliche Unterschiede in Bezug auf den Gehalt an Schwefel,

---

[*] Campredon, Guide pratique, Seite 2.

Phosphor, Silicium, Mangan und Kohlenstoff, je nachdem die analysierten Proben an verschiedenen Stellen der Gußstücke entnommen worden waren.

B. Feuchtigkeitsbestimmung in Eisen- und Manganerzen, Kalk, Dolomit und Brennmaterialien.

Diese Bestimmungen werden von dem Probennehmer ausgeführt, welcher die getrockneten und feingepulverten Proben den mit der Analyse beauftragten Chemikern oder Laboranten übergibt.

Die Proben der Eisen- und Manganerze, des Kalks und Dolomits, der Koks und Steinkohlen werden bei einer Temperatur von höchstens 110° C. bis zur Gewichtskonstanz getrocknet. Man nimmt für diesen Zweck 1 kg der Masse, ehe sie vollständig pulverisiert ist, und wenn die Stücke Haselnußgröße haben. Bis hierher muß die Zerkleinerung zur Vermeidung von Feuchtigkeitsverlust sehr schnell vor sich gehen.

Die zum Trocknen im Dampftrockenschrank*) benutzten Gefäße sind aus Eisenblech hergestellt, 25 cm lang und 20 cm breit. Man hält eine genügende Anzahl derselben von 6, 9, 12 und 15 cm Höhe, je nach der Dichte der verschiedenen Proben, vorrätig.

Nach erreichter Gewichtskonstanz notiert man den entsprechenden Feuchtigkeitsgehalt. Hatte man 1000 g angewandt, so gibt das in Dezigrammen ausgedrückte gefundene Gewicht direkt Prozente an.

Die so getrocknete Substanz wird nun zur Analyse fein pulverisiert und in gut verschlossenen Glasflaschen aufbewahrt.

---

*) Im Laboratorium zu Neuves-Maisons ist ein eigens zu diesem Zweck konstruierter Dampftrockenschrank aufgestellt, mit 20 Kammern (von $80 \times 25 \times 20$ cm inneren Dimensionen), deren Wände auf 5 Seiten vom Dampf berührt werden.

II. Bereitung der Reagenzien.

A. Herstellung der titrierten- und Normallösungen.

Man gebraucht folgende Lösungen:
1. — Kaliumpermanganat (Chamäleonlösung) für Eisen-, Mangan- und Kalkbestimmungen.
2. — Wasserstoffsuperoxyd für Manganbestimmungen.
3. — Natronlauge für Phosphorbestimmungen.
4. — Salpetersäure für Phosphorbestimmungen.
5. — Kupferlösung für Kupferbestimmungen.

Zur Feststellung des Titers der ersten vier Lösungen dient chemisch reine kristallisierte Oxalsäure von der Formel $C_2H_2O_4 \cdot 2H_2O$, welche ganz trocken aufbewahrt werden muß. Die Grundlage der titrierten Lösungen ist eine wässerige Lösung dieser Säure, welche genau 6 g in 500 ccm enthält.*) Die Oxalsäure — das wichtigste Reagens des Laboratoriums — halte man stets in einigen gut aufbewahrten Reserveflaschen vorrätig und bestimme die Titer mit mehreren Lösungen, die aus verschiedenen Flaschen bereitet sind. Die Kristalle der Säure müssen glänzend und ohne Spuren der Verwitterung sein. In einer Porzellanschale geglüht, dürfen sie keinen Rückstand hinterlassen.

---

*) Bei der Bereitung aller titrierten Lösungen gelangt natürlich stets destilliertes Wasser zur Verwendung.

II. Bereitung der Reagenzien.

Die Flaschen werden am besten unter Exsiccatoren über Schwefelsäure aufbewahrt.

1. Kaliumpermanganatlösung.

Man stellt eine Lösung von 6 g pro Liter her, welche ein wenig zu stark ist und verdünnt sie, bis der gewünschte Titer (0,01 für Eisen) erreicht ist. Zu diesem Zweck nimmt man 15 ccm der Oxalsäurelösung, fügt 30 ccm verdünnte Schwefelsäure hinzu, erwärmt auf 60° und titriert mit der Kaliumpermanganatlösung. Man soll genau 16 ccm zur Rosafärbung gebrauchen. Hat man diesen Punkt durch entsprechende Korrektionen erreicht, so ist die Permanganatlösung fertig.

Zur Bestimmung des Eisens nach der Reinhardtschen Methode ist der Titer = 0,01, zur Bestimmung des Kalks ist er = 0,005. Zur Bestimmung des Mangans nach den Methoden „Volhard-Wolff" und „Rote Erde" würde der Titer theoretisch = 0,002942 sein; in der Praxis ist jedoch dieser Titer zu niedrig und man nimmt 0,00307 an, eine Zahl, welche durch viele Versuche bestätigt wird.*)

Die Permanganatlösung ist in blauen Flaschen aufzubewahren.

2. Wasserstoffsuperoxydlösung.

Das zur Bereitung dieser Lösung dienende Wasserstoffsuperoxyd muß möglichst frei von Salzsäure sein. Man stellt so ein, daß 10 ccm der Lösung genau 5 ccm der titrierten Kaliumpermanganatlösung, welchen 20 ccm kalte verdünnte Salpetersäure zugesetzt wurden, entfärben. Die Lösung wird vor direktem Sonnenlicht geschützt und in blauen Gläsern aufbewahrt. Ihr Titer ist öfters, im Winter einmal, im Sommer zwei- bis dreimal täglich zu prüfen.

---

*) Siehe auch Campredon (Guide pratique, Seite 469), welcher sogar 0,003104 als Titer nimmt.

Sie dient zur Manganbestimmung nach der Schneiderschen Methode.

Ein Kubikzentimeter der titrierten Chamäleonlösung enthält genau 0,002054 Mangan. (Theoretisch = 0,001964, eine Zahl, die sich in der Praxis als zu niedrig erweist.) Da nun 1 ccm Chamäleonlösung 2 ccm Wasserstoffsuperoxydlösung erfordert, ist der Titer dieser letzteren für Mangan = 0,001027.

3. Natronlauge.

Sie wird derart bereitet, daß 15 ccm NaOH Lösung genau durch 16 ccm der Oxalsäurelösung neutralisiert werden. Man wiegt etwa 8,1 g Ätznatron pro Liter Wasser ab.

Als Indikator dient eine alkoholische Lösung von Phenolphtaleïn (4 : 100). Ein Kubikzentimeter der Natronlauge löst soviel gefälltes gelbes Phosphorammoniummolybdat, wie 0,0002729 Phosphor entspricht. Das ist ein wenig mehr als die $1/5$ Normallösung, welche 0,0002687 Phosphor auflöst.

4. Salpetersäure.

Eine gewisse Menge der Natronlauge muß durch die genau gleiche Menge Salpetersäure neutralisiert werden. Man nimmt etwa 12 ccm konzentrierte Salpetersäure pro Liter Wasser. Als Indikator dient ebenfalls die alkoholische Phenolphtaleïnlösung.

5. Normalkupferlösung.

Man löse 0,5 g reines, auf elektrolytischem Wege erhaltenes Kupfer in konzentrierter Salpetersäure und erhitze bis zum Verschwinden der roten Dämpfe. Nach dem Verdünnen mit Wasser gieße man die Flüssigkeit in einen Meßkolben von 1 Liter Inhalt, übersättige mit Ammoniak und fülle mit Wasser bis zur Marke auf.

Es enthalten 5 ccm dieser Lösung 0,0025 g metallisches Kupfer. Die Flasche muß gut verschlossen gehalten werden.

II. Bereitung der Reagenzien.

Anmerkung. Die titrierten Lösungen können auch von den Laboranten und dem Präparator zubereitet werden, ihr Titer ist jedoch nur von einem Chemiker zu prüfen.

B. Vorschriften zur Bereitung der nicht titrierten Lösungen.

Nro. 1.
Salpeter-Schwefelsäure für Siliciumbestimmungen:

3,2 l verdünnte Salpetersäure,
1,6 l verdünnte Schwefelsäure.

Nro. 2.
Brom-Salzsäure:

5 l konzentrierte Salzsäure,
100 g Brom.*)

Nro. 3.
Zink- und Kadmiumacetatlösung:

In einer Schale mischt man 800 ccm Wasser mit 200 ccm Essigsäure ($D = 1{,}064$), und fügt ein Gemenge von 20 g Zinkacetat und 5 g Kadmiumacetat hinzu. Man rührt mit einem Glasstab um und erhitzt auf dem Dampfbad zur Lösung. Nach dem Erkalten auf ein Liter verdünnen.

Nro. 4.
Saure Kupfersulfatlösung für Schwefelbestimmungen:

In einer großen Porzellanschale mischt man 800 ccm Wasser mit 120 ccm konz. Schwefelsäure,**) fügt 120 g

---

*) Das Brom kauft man zur Vermeidung von Wägungen in Fläschchen zu 100 g, und bereitet die Mischung wegen der äußerst gesundheitsschädlichen Bromdämpfe an freier Luft.
**) Siehe Seite 14 Anmerkung.

Kupfersulfat hinzu und rührt zur schnelleren Lösung um. Nach dem Erkalten auf ein Liter verdünnen und nötigenfalls filtrieren.

Nro. 5.
Kaliumpermanganatlösung für Phosphorbestimmungen:

40 g $KMnO_4$
1 l heißes Wasser.

In blauen Flaschen aufbewahren.

Nro. 6.
Chlorammoniumlösung:

300 g NH_4Cl
1 l heißes Wasser.

Nötigenfalls filtrieren.

Nro. 7.
Ammoniumnitratlösung:

1 kg NH_4NO_3
1 l heißes Wasser.

Nötigenfalls filtrieren.

Nro. 8.
Molybdänlösung:

Man löst 150 g pulverisiertes Ammoniummolybdat in $3/4$ l heißem Wasser, filtriert und verdünnt auf 1 l. Diese Lösung gießt man nach dem Erkalten unter fortwährendem Schütteln in 1 l verdünnte Salpetersäure, wobei die Bildung eines Niederschlags zu verhüten ist.*) Man erhitzt nun langsam, bis die Temperatur nach und nach auf 80° gestiegen ist und läßt dann allmählich erkalten. Vor dem Gebrauch läßt man die Lösung einige Tage an einem warmen Orte stehen und filtriert sie durch Glaswolle. — Der gelbe

---

*) Man gieße niemals umgekehrt die Säure in die Lösung des Salzes.

Niederschlag von Molybdänsäure (MoO_3), welcher sich möglicherweise in den Flaschen bilden kann, läßt sich leicht in konzentriertem Ammoniak lösen und nach dem Verdampfen des Lösungsmittels auf dem Dampfbad von neuem (als Ammoniummolybdat) verwenden.

Die Lösung wird in blauen Flaschen aufbewahrt.

Nro. 9.
Kaliumnitratlösung zum Auswaschen:
5 g KNO_3 (Salpeter),
1 l Wasser.

Nro. 10.
Indikatorflüssigkeit:
4 g Phenolphtaleïn,
100 ccm Alkohol (90 %).

Nro. 11.
Salpeter-Schwefelsäure für Manganbestimmungen:
2,25 l verdünnte HNO_3,
1,20 l verdünnte H_2SO_4,
1,85 l Wasser.

Nro. 12.
Ammoniumcitratlösung:
500 g Zitronensäure,
2,8 l Wasser,
2,2 l konz. Ammoniak.

Nro. 13.
Magnesiamischung:
500 g Magnesium-Ammoniumchlorid,*)
1 l verd. Ammoniak.
1 l Wasser.
Nötigenfalls filtrieren.

---

*) Erhältlich bei E. Merck, Darmstadt. Oder:
220 g Magnesiumchlorid und 280 g Ammoniumchlorid

II. Bereitung der Reagenzien.

Nro. 14.
Ammoniakwasser zum Auswaschen:
100 ccm konz. NH_3,
1 l Wasser.

Nro. 15.
Salzsaure Zinnchlorürlösung:
20 g Zinnchlorür,
1 l kochendes Wasser.
Zu vollständiger Lösung
100 ccm konz. Salzsäure zusetzen.
Nach dem Erkalten filtrieren, und in einer Kohlensäure-Atmosphäre aufbewahren.*)

Nro. 16.
Sublimatlösung:
5 g Quecksilberchlorid (starkes Gift!),
1 l Wasser.
Nach der Lösung filtrieren.
Bei der Wägung bediene man sich eines Uhrglases und eines Glasspatels.

Nro. 17.
Mangansulfatlösung:
200 g Mangansulfat,
400 ccm kochendes Wasser.
Nach der Lösung nötigenfalls filtrieren, und eine Mischung von
200 ccm Wasser,
400 ccm verd. Schwefelsäure und
200 ccm Phosphorsäure (D = 1,70)
zusetzen.

---

*) Siehe Ledebur, Leitfaden, Figur 5.

Nro. 18.
Ammoniumoxalatlösung:
240 g Ammoniumoxalat,
5,76 l heißes Wasser.
Nötigenfalls filtrieren.

Nro. 19.
Natriumphosphatlösung:
100 g Natriumphosphat,
1 l Wasser.

Nro. 20.
Konzentrierte Zitronensäurelösung nach Wagner:
100 g kristallisierte Zitronensäure (genau gewogen),
1 l Wasser (genau gemessen).
Nach der Lösung $1/_2$ g Salizylsäure zusetzen und filtrieren.

Nro. 21.
Magnesiacitratmischung:
200 g kristallisierte Zitronensäure (genau gewogen)
in einer Mischung von
800 ccm konz. Ammoniak und
200 ccm Wasser lösen.
Ein Liter dieser Lösung (genau gemessen) mischt man mit einem Liter der Magnesiamischung. (Nro. 13).

Nro. 22.
Chlorbaryumlösung:
100 g pulverisiertes Chlorbaryum,
1 l heißes Wasser.
Nach dem Lösen filtrieren.

Nro. 23.
Gesättigte Chromsäurelösung:
180 g Chromsäure ⎫
100 ccm kaltes Wasser ⎬ lösen.

II. Bereitung der Reagenzien.

Hierauf 1 ccm konz. H_2SO_4 zufügen und $1/_2$ Stunde in einem Corleisschen Kolben*) mit Rückflußkühler zur Zerstörung der organischen Substanz kochen. Während des Kochens leitet man einen kohlensäurefreien Luftstrom langsam durch die Flüssigkeit.
In gut verschlossenen Flaschen aufbewahren.

Nro. 24.
Ammoniumsulfokarbonat zum Auswaschen.
1 l Wasser,
10 ccm Ammoniumsulfokarbonat,
20 ccm konz. Salzsäure.

Nro. 25.
Kalilauge:
60 g Ätzkali,
100 g Wasser.

Nro. 26.
Natriumhyposulfitlösung:
200 g $Na_2S_2O_3$
1 l heißes Wasser.

C. Spezifische Gewichte der gebrauchten Säuren und des Ammoniaks.

Säuren und Ammoniak bezieht man gewöhnlich in Korbflaschen von etwa 50 l Inhalt in folgender Konzentration:

Schwefelsäure spez. Gew. = 1,84 = 66° Bé.
Salzsäure „ „ = 1,19 = 24° Bé.
Salpetersäure „ „ = 1,40 = 42° Bé.
Ammoniak „ „ = 0,91 = 24° Bé.

---

*) Siehe unten bei der Bestimmung des Kohlenstoffes im Roheisen. Fig. 5.

14   II. Bereitung der Reagenzien.

Lösungen von diesem Gehalt pflegt man als konzentrierte zu bezeichnen. Unter verdünnten Lösungen sind in diesem Buche die Mischungen von Säure oder Ammoniak mit gleichen Teilen Wasser verstanden.

Anmerkung. Es ist kaum nötig, hinzuzufügen, daß bei der Bereitung verdünnter Lösungen stets die Säure in das Wasser zu gießen ist, und nicht umgekehrt das Wasser

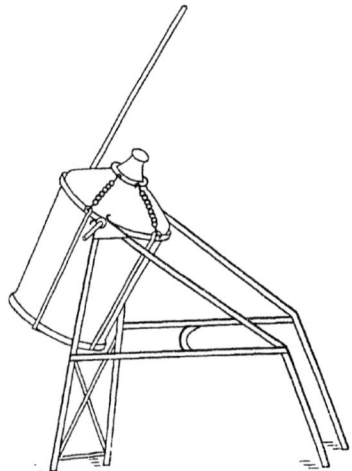

Fig. 2. Ballonkipper.

in die Säure. Letzteres würde besonders bei Schwefelsäure gefährlich sein. Zur Verhütung einer zu schnellen Temperatursteigerung füge man die Säure allmählich zu und sorge durch Umrühren für bessere Mischung. Das Mischen der konzentrierten Schwefelsäure mit dem Wasser nehme man in großen Porzellanschalen vor und warte mit dem Einfüllen in die Flaschen bis zum Erkalten der Flüssigkeit. Die anderen verdünnten Lösungen können bei einiger Vorsicht in den Flaschen selbst zubereitet werden.

D. Verzeichnis anderer erforderlicher Chemikalien.

1. Kristallisiertes Kaliumchlorat ($KClO_3$).
2. Alkohol von 90 %.
3. Wismuttetroxyd (frei von Cl und Mn).
4. Geglühter Asbest.
5. Zinkoxyd (indifferent gegen $KMnO_4$).
6. Baryumsuperoxyd, pur.
7. Brom, pur.
8. Glaswolle.
9. Natriumkaliumkarbonat (frei von SiO_2).
10. Essigsäure, pur. (D = 1,064).
11. Kristallisiertes Ammoniumchlorid, pur.
12. Gebrannte Magnesia (frei von Sulfaten).
13. Wasserstoffsuperoxyd, 3prozentig und möglichst salzsäurefrei.
14. Natriumhypophosphit, pur.
15. Ammoniumsulfokarbonat, 10prozentige Lösung.
16. Weißes Vaselin.
17. Kaliumnitrat (Salpeter).
18. Chlorcalcium (für Exsiccatoren und Trockenapparate).

Bemerkungen. Das Zinkoxyd muß, vor dem Gebrauche ausgeglüht werden, es wird dann mit Wasser geschlämmt, in der Form eines dicken und gleichmäßigen Breies verwandt. Die Mischung mit Wasser nimmt man in einem Porzellanmörser vor, indem man das Wasser nach und nach, unter fortwährendem Reiben mit dem Pistill, zugibt. Den fertigen Brei füllt man in eine Flasche aus starkem Glas und schüttelt von Zeit zu Zeit stark um, damit sich das Zinkoxyd nicht von dem Wasser scheidet und absetzt. Eine gut bereitete Mischung darf kaum fließen und muß immer homogen bleiben.

Die Reinheit des Zinkoxyds prüft man mit der Kaliumpermanganatlösung, welche nicht entfärbt werden darf.

Ein Tropfen dieser Lösung muß die Zinkoxydmischung rosa färben. Ist das Zinkoxyd nach dem ersten Glühen noch nicht indifferent, so wiederholt man das Glühen in einem unglasierten Tontiegel, fügt aber vorher für je 1 kg etwa 10 ccm konzentrierte Salpetersäure hinzu und rührt vor dem Einsetzen in den Ofen gut um.

Das bei E. Merck erhältliche Gemenge von Natrium- und Kaliumkarbonat kann man selbst bereiten, indem man 10 Gewichtsteile Natriumkarbonat mit 13 Teilen Kaliumkarbonat innig mischt. Die beiden Reagenzien müssen absolut rein sein.

Seit längerer Zeit beziehen wir von E. Merck, Darmstadt, 30 prozentiges Wasserstoffsuperoxyd, welches wir, zur Erhaltung von 3 prozentigem, mit 9 Vol. Wasser verdünnen. Dabei ist nur die Vorsicht zu beobachten, daß die zur Verwendung kommenden Gefäße und das destillierte Wasser ganz rein sind, weil das geringste Stäubchen die Zersetzung des Wasserstoffsuperoxydes begünstigt. Die Flüssigkeit ist vor Licht geschützt und in blauen Flaschen aufzubewahren. In direktem Sonnenlicht tritt Explosion ein.

Ammoniumsulfokarbonat entsteht durch Vereinigung von Schwefelkohlenstoff und Ammoniak in Alkohol. Es ist bei Merck in 10 prozentiger Lösung erhältlich.

Das Vaselin dient, außer zum Einfetten der Hähne, auch zum Einfetten des äußeren Randes der Bechergläser beim Filtrieren mit kalten Flüssigkeiten. Hierdurch verhütet man einen Verlust an Flüssigkeit, da diese nicht entlang dem gefetteten Rand laufen kann, wenn man das Glas vom Filtrieren zurück auf den Tisch setzt. Bei warmen Flüssigkeiten bedient man sich zum Filtrieren eines Glasstabes.

III. Untersuchungen.

1. Übersicht der von den Laboranten auszuführenden Bestimmungen.

Thomaseisen: Si, S, Mn, P, C, Cu.
Thomasstahl: Si, S, Mn, P, C, Cu.
Ferrosilicium: Si.
Ferromangan: Si, Mn, Fe.
Spiegeleisen: Si, Mn.
Eisenerze: H_2O, Glühverlust, Fe, SiO_2, CaO, Al_2O_3, Mn, P, S, MgO.
Manganerz: H_2O, Glühverlust, Fe, SiO_2, Mn, S.
Hochofenschlacken: SiO_2, Al_2O_3, CaO, Fe, Mn, MgO.
Thomasschlacken: Gesamt P_2O_5, lösl. P_2O_5, Fe.
Kalk und Dolomit: H_2O, Glühverlust, SiO_2, CaO, MgO ($Fe_2O_3 + Al_2O_3$).
Koks: H_2O, Asche, S.
Steinkohle: H_2O, Asche, S, flüchtige Bestandteile, fester C.

2. Bemerkungen zur genauen volumetrischen Analyse.

Zur Maßanalyse sind einige Geräte von sehr großer Genauigkeit erforderlich, welche sorgfältig graduiert und geprüft sind und vermittelst deren die für den täglichen Gebrauch dienenden Pipetten, Meßkolben und Büretten kontrolliert werden können.

III. Untersuchungen.

Die Grundlage zur Eichung dieser Gefäße ist das metrische Liter, d. h. das Volumen von 1000 g reinen Wassers bei 4° und im luftleeren Raum gewogen. — (Das Mohrsche Liter, von welchem hier abgesehen wird, ist das Volumen von 1000 g reinen Wassers, gewogen bei 15° in trockener Luft und bei 760 mm Barometerstand). — Die graduierten Gefäße sollen bei einer Temperatur von 15° gebraucht werden. Bei dieser Temperatur und 760 mm Druck wiegt aber 1 Liter Wasser 998,07 g. Ein graduierter Kolben, welcher auf 1 Liter geeicht ist, enthält also in diesem Falle, wenn das Gewicht in trockener Luft und bei 760 mm Barometerstand festgestellt war, 998,07 g Wasser.

Zur Ablesung wählt man den unteren Rand des Meniscus, außer bei der Titration mit Chamäleonlösung, bei welcher man den oberen Rand benutzt.

Die Meßkolben werden auf Einlauf geeicht, d. h. in der Weise, daß die betreffende Flüssigkeitsmenge in die vollkommen trockenen Gefäße gebracht wird. Büretten und Pipetten werden auf Auslauf geeicht.

Pipetten läßt man auslaufen, indem man deren Mündung mit der inneren Wandfläche des zu füllenden Gefäßes in Berührung bringt. Das Ausfließen ist 15 Sekunden nach Entleerung der Pipette beendigt. Hahnbüretten läßt man bei vollständig geöffnetem Hahn ausfließen und liest erst 2 Minuten nach beendigtem Auslaufen ab.

Bei gewöhnlichen Titrationen und Bestimmungen benutzt man die üblichen ungestempelten Meßgegefäße, welche indessen durch Vergleichung mit den geprüften feineren Instrumennte zu kontrollieren sind.

Die Analysen der Ferromangane und Manganerze müssen sehr sorgfältig ausgeführt werden, weil diese Substanzen nach der Höhe ihres Mangangehalts bezahlt werden, je nachdem dieser unter oder über den festgesetzten Grenzen liegt. Man benutze daher bei diesen Bestimmungen nur

III. Untersuchungen.

gestempelte und genau geprüfte Meßinstrumente und halte sich streng an die gegebenen Vorschriften.

Die Wichtigkeit dieser Analysen resultiert aus der Betrachtung, daß der Handelswert von Manganerzen etwa 1 Mark pro Einheit Mangan und Tonne beträgt. Der Waggon von 10 Tonnen 40 prozentigem Erz würde also 400 Mark kosten. Ferromangan ist noch viel teurer, da der Preis per Tonne etwa 360 Mark, folglich pro Waggon 3600 Mark beträgt.

3. Bestimmung des Glühverlusts der Eisen- und Manganerze, des Kalks und Dolomits. Aschengehalt der Brennmaterialien.

Die Proben der Eisen- und Manganerze, des Kalks und Dolomits, welche bei 110° getrocknet und dann pulverisiert worden sind, werden im Muffelofen eine Stunde bei dunkler Rotglut bis zur Gewichtskonstanz erhitzt. Man verwendet $2^1/_2$ g in Porzellantiegeln von etwa 15 ccm Inhalt und hält diese halb bedeckt.

Nach dem Gewichtsverlust erhält man durch Multiplikation mit 40 den Glühverlust in Prozenten.*)

Bei Steinkohlen und Koks gibt man an Stelle des Glühverlustes das Gewicht des Aschenrückstandes an. Man glüht in irdenen Veraschungsschalen von 60 mm Durchmesser, welche vor dem Gebrauche innen mit Blutstein abgerieben werden. Es ist zweckmäßig, zwei Bestimmungen nebeneinander auszuführen und einmal 5 g, das andere Mal $2^1/_2$ g Substanz anzuwenden.

---

*) Durch das Glühen vertreibt man das chemisch gebundene Wasser, die Kohlensäure der Karbonate, organische Substanzen und einen Teil des Sauerstoffs des Mangandioxyds (Pyrolusit). Eisen und Mangan werden in Fe_2O_3 und Mn_3O_4 verwandelt. Wenn Eisen und Mangan in den Erzen als FeO bezw. MnO enthalten sind, findet also durch Glühen Oxydation und folglich Gewichtszunahme statt.

4. Bestimmung der flüchtigen Bestandteile und des festen Kohlenstoffs der Steinkohlen, nach Muck.

Man wiegt 1 g feingepulverte Kohle in einen hohen 15 ccm fassenden Platintiegel mit gut schließendem Deckel ab und erhitzt über einem Barthelbrenner (Fig. 3) oder über einer Gasflamme von wenigstens 15 cm Höhe Zwischen Tiegel und Öffnung des Brenners muß ein Raum von 3 cm bleiben, und der Tiegel muß auf allen Seiten von

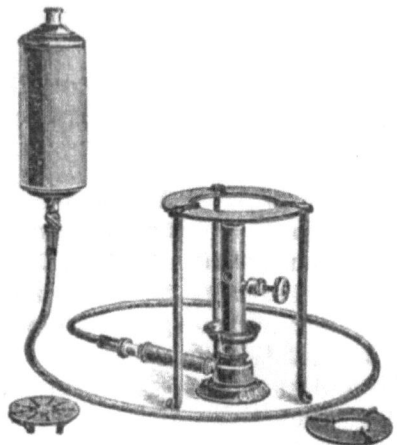

Fig. 3. Barthelbrenner.

der Flamme umgeben sein. Man erhitzt, bis die aus dem Tiegel schlagende Flamme verschwindet, das heißt nur einige Sekunden, entfernt schnell die Flamme, läßt erkalten und wiegt.*) Den Gewichtsverlust, welcher den flüchtigen Bestandteilen entspricht (für 1 g), multipliziert man zur Erhaltung von Prozenten mit 100.

Die Steinkohlenanalyse wird folgendermaßen notiert:

Beispiel: a) Feuchtigkeit bei $110°$ = 1,20 %
b) Flüchtige Bestandteile = 24,00 „
Koksausbeute { c) Asche = 7,10 „ } 100
= 76,00   { d) Fester Kohlenstoff = 68,90 „

---

*) Der Ansatz von Ruß auf dem Deckel wird mit diesem gewogen.

III. Untersuchungen. 21

Man erhält also den Gehalt an festem Kohlenstoff, wenn man die Summe des Aschengehalts und der flüchtigen Bestandteile von 100 abzieht, da sich die Resultate stets auf das trockene Brennmaterial beziehen.

5. Bestimmung des Schwefelgehalts der Brennmaterialien. (Methode Eschka.)

In einem Glasmörser mischt man 1 g der aufs feinste pulverisierten und bei 110° getrockneten Substanz mit 1,25 g gebrannter Magnesia und 0,6 g Kalium-Natriumkarbonat, bringt die innige Mischung in einen Platintiegel und bedeckt sie mit 0,5 g gebrannter Magnesia. Man erhitzt über einem Barthelbrenner[*]) zu dunkler Rotglut und rührt von Zeit zu Zeit mit einem Platinspatel um. Wenn nach einer Stunde alle Kohleteilchen verbrannt sind, löst man das Ganze in einer Porzellanschale von 15 cm Durchmesser in kochendem Wasser, spült den Tiegel ab und fügt zu der Lösung einen Überschuß von Bromwasser, bis die Flüssigkeit eine hellgelbe Farbe angenommen hat. Man bedeckt nun die Schale mit einem Uhrglas, kocht, filtriert in ein hohes Becherglas von 500 ccm Inhalt und wäscht mit heißem Wasser aus. Das Filtrat wird mit Salzsäure schwach angesäuert und bis zur vollständigen Entfärbung gekocht.

§ 1.

Die Schwefelsäure wird hierauf mit 15 ccm heißer Chlorbaryumlösung (Nro. 22) im Sieden gefällt, das Baryumsulfat abfiltriert, getrocknet, verascht und gewogen. Zur Filtration dient Papier von Schleicher und Schüll, Nro. 589, Weißband, von 7 cm Durchmesser. Es ist besser, das Filter von dem Niederschlag zu trennen und gesondert zu

---

*) Die Erhitzung über einem Gasbrenner ist zu vermeiden, weil bei der Verbrennung des Leuchtgases schwefelhaltige Gase entstehen.

veraschen. Das Baryumsulfat darf nicht zu stark geglüht werden; den Tiegel halte man beim Glühen bedeckt.

Zur Berechnung siehe Tabelle XIII.

6. Eisenerzanalyse. Bestimmung von SiO_2, Mn, P, Al_2O_3, CaO und MgO.

In einem hohen Becherglase von $^1/_2$ l Inhalt löst man 5 g des Erzes und ein wenig $KClO_3$ in 30 ccm konzentrierter Salzsäure unter Erhitzen auf dem Dampfbad oder über der Flamme und hält das Becherglas mit einem Uhrglas bedeckt. Wenn der unlösliche Rückstand ganz weiß erscheint, spült man das Ganze in eine Porzellanschale von 150 mm Durchmesser, verdampft auf dem Dampfbad zur Trockne, nimmt wieder in 15 ccm konz. HCl und 200 ccm kochendem Wasser auf, filtriert (Schleicher und Schüll, Nro. 589 Schwarzband, 9 cm Durchmesser) in einen Meßkolben von $^1/_2$ l Inhalt und wäscht zuerst mit kochendem salzsäurehaltigem Wasser, dann mit kochendem Wasser allein aus. Der Inhalt des Filters darf grau, aber nicht rot oder gelb sein.

SiO_2. — Man trocknet das Filter nebst seinem Inhalt in einem Platintiegel, verascht über einer Gasflamme und glüht zuletzt stark. Die erhaltene Kieselsäure muß vollkommen weiß aussehen. Ihr mit 20 multipliziertes Gewicht ergibt den Prozentgehalt an SiO_2.

Das Filtrat läßt man erkalten, füllt mit Wasser bis zur Marke auf und sorgt durch starkes Umschütteln für eine gleichmäßige Mischung. Zur Bestimmung des Mangans bringt man mit einer Pipette 200 ccm in einen Erlenmeyerkolben von 1 l Inhalt.

Mn. — Siehe unten § 2, Seite 29.

P. — Zur Bestimmung des Phosphors bringt man 100 ccm in ein hohes Becherglas von $^1/_2$ l Inhalt, kocht, fällt mit Ammoniak bis zur vollständigen Neutralisation, säuert mit verdünnter Salpetersäure an und schüttelt um, bis sich der Niederschlag wieder vollständig gelöst hat. Nachdem man noch einige Minuten gekocht hat, entfernt man die Flamme, fügt 20 ccm Ammoniumnitrat (Lösung Nro. 7) und unter starkem Umschütteln 40 ccm Molybdänlösung (Nro. 8) hinzu.

Fortsetzung der Operation siehe § 3, Seite 36.

Al_2O_3. — In einer dritten Entnahme von 100 ccm, die in ein hohes Becherglas von $1/_2$ l Inhalt gebracht wird, bestimmt man die Tonerde. Zu diesem Zweck kocht man mit einigen Tropfen konzentrierter Salpetersäure und einer Messerspitze Chlorammonium*), läßt erkalten und gibt vorsichtig, unter starkem Umschütteln 2 Tropfen Brom hinzu. Man läßt eine Stunde stehen und schüttelt von Zeit zu Zeit, wenn sich nicht alles Brom mit der Flüssigkeit gemischt hat, um, fügt hierauf Ammoniak bis zur starken ammoniakalischen Reaktion hinzu, kocht kurze Zeit und filtriert (durch ein Filter Schl. und Sch. Schwarzband. 12 cm Dm.) in einen Meßkolben von 250 ccm Inhalt.**) Das Glas und der Niederschlag werden längere Zeit mit kochendem Wasser ausgewaschen, der Niederschlag schließlich in einem Platintiegel über einer Gasflamme getrocknet und zuletzt ein wenig geglüht. Das Gewicht dieses Niederschlages entspricht der in 1 g der zu untersuchenden Substanz enthaltenen Menge von:

$$Fe_2O_3 + P_2O_5 + Al_2O_3 + Mn_3O_4.$$

Die bei den einzelnen vorhergehenden und folgenden Operationen gefundenen Prozentgehalte an Fe, Mn und P rechnet man nach Tabelle IX, X und XI zu Fe_2O_3, Mn_3O_4 und P_2O_5 um, zieht deren Summe von dem mit 100 multi-

---

*) Das Chlorammonium hält die Oxyde des Magnesiums und Mangans, mit denen es Doppelsalze bildet, in Lösung.

**) Da der Niederschlag immer etwas Kalk enthält, ist es besser, ihn nach gründlichem Auswaschen durch einige ccm verdünnte warme Salzsäure zu lösen und dann ein zweites Mal mit Ammoniak zu fällen.

plizierten gefundenen Gewicht des ammoniakalischen Niederschlages ab und erhält auf diese Weise den gesuchten Prozentgehalt an Tonerde.*)

Das in dem Meßkolben von 250 ccm Inhalt befindliche Filtrat läßt man erkalten, füllt mit Wasser zur Marke und schüttelt stark um.

CaO. — Zur Bestimmung des Kalks bringt man mit einer Pipette 125 ccm der Flüssigkeit ($= 0{,}5 g$) in ein hohes Becherglas von $^1/_2$ l Inhalt, kocht, fügt noch eine Messerspitze Chlorammonium hinzu und fällt mit 20 ccm Ammoniumoxalatlösung (Nro. 18). Nach einigen Augenblicken weiteren Kochens läßt man 2 Stunden stehen, filtriert durch gewöhnliches Filtrierpapier und wäscht mit kochendem Wasser aus. Das Filtrat dient zur Bestimmung des MgO. —

Das Filter und seinen Inhalt bringt man in einen Erlenmeyerkolben von 1 l Inhalt, fügt 30 ccm Wasser und 20 ccm verdünnte Schwefelsäure hinzu und zerreißt das Filter zur besseren Lösung des Niederschlages mit einem Glasstab. Da die Temperatur etwa 70^0 betragen muß, gibt man noch $^1/_2$ l kochendes Wasser hinzu und titriert hierauf mit Chamäleonlösung bis zur bleibenden Rosafärbung.**)

Zur Berechnung des CaO siehe Tabelle VII.

MgO. — Zu dem von der Bestimmung des Kalks stammenden erkalteten Filtrat gibt man einige ccm konzentriertes Ammoniak, hierauf 25 ccm Natriumphosphatlösung (Nro. 19), schüttelt stark um und läßt wenigstens 6 Stunden stehen. Der Niederschlag wird abfiltriert (Schl. u. Sch. Schwarzband, 7 cm Dm.), Glas und Filter mit Ammoniakwasser (Nro. 14) ausgewaschen, das Filter im Ofen getrocknet und verascht. Der Rückstand wird geglüht, bis er durch und durch weiß ist und schließlich gewogen.

---

*) Siehe Nro. 23. Seite 50, wo eine empfehlenswerte Methode zur direkten Bestimmung der Tonerde beschrieben ist.

**) Bei dieser Methode wird der Kalk als oxalsaurer Kalk gefällt, und die Oxalsäure des Salzes mit $KMnO_4$ titriert.

III. Untersuchungen. 25

Zur Berechnung des MgO nach dem gefundenen Gewicht siehe Tabelle XII.*)

7. Eisenbestimmung in Eisen- und Manganerzen, Hochofen- und Thomasschlacken und Ferromanganen.. (Methode Reinhardt).

Für Eisen- und Manganerze nimmt man den Rückstand, welcher bei der Bestimmung des Glühverlustes (siehe diese) von 2,5 g Substanz übrig geblieben war.

Man bringt den Inhalt des zum Glühen benutzten Tiegels in einen Meßkolben von $^1/_2$ l und behandelt ihn unter Erwärmen auf dem Dampfbad oder über einer Flamme mit 25 ccm konzentrierter Salzsäure, bis der Kieselrückstand weiß und jede Reaktion beendet ist. Nach dem Erkalten füllt man mit Wasser zur Marke, schüttelt um und läßt die Kieselsäure sich absetzen. Zur Analyse bringt man 100 ccm (= 0,5) bei Eisenerzen und 200 ccm (= 1 g) bei Manganerzen in einen Erlenmeyerkolben von 1 l Inhalt.

Bei Hochofen- und Thomasschlacken**) behandelt man direkt $2^1/_2$ g in einem Meßkolben von $^1/_2$ l Inhalt mit 25 ccm konzentrierter Salzsäure, setzt die Operation wie oben bei Erzen fort und nimmt zur Titration des Eisens 200 ccm (= 1 g).

*) Zur Kontrolle der Gesamtanalyse der Eisenerze rechne man Mn zu Mn_3O_4, Fe zu Fe_2O_3 und P zu P_2O_5 um und addiere die folgenden acht Resultate:

Glühverlust	CaO	Ihre Summe muß 98—100 ergeben. Tritt beim Glühen Gewichtszunahme ein (Oxydulerz), so addiert man die letzten 7 Resultate und zieht von ihrer Summe die durch Glühen erhaltene Gewichtszunahme ab. Man muß dann ebenfalls 98—100 erhalten.
SiO_2	MgO	
Fe_2O_3	P_2O_5	
Mn_3O_4	Al_2O_3	

**) Die Hochofenschlacken werden bereits bei der Probenbereitung von metallischem Eisen befreit, nicht so die in der Mühle gemahlenen Thomasschlacken, welche vor der Untersuchung mit Hilfe eines Magnets zu reinigen sind.

III. Untersuchungen.

Bei Ferromanganen behandelt man 5 g mit 50 ccm konzentrierter Salzsäure in einem Meßkolben von $^1/_2$ l Inhalt unter Erhitzen auf dem Dampfbad oder über einer Flamme bis zur vollständigen Lösung. Nach dem Erkalten füllt man mit Wasser zur Marke, schüttelt um und läßt absitzen. Zur Titration nimmt man 200 ccm (= 2 g).*)

Titration.

Zu der in dem Erlenmeyerkolben enthaltenen Versuchs-Probe setzt man 10 ccm konzentrierte Salzsäure, darauf 150 ccm Wasser, erhitzt bis zum Beginn des Siedens und läßt nach Entfernung der Flamme, unter fortwährendem Schütteln, aus einer Bürette Zinnchlorürlösung (Nro. 15) tropfenweise, bis zur vollständigen Entfärbung der Flüssigkeit, zufließen.**)

Dieser Teil der Operation ist sehr empfindlich und erfordert große Aufmerksamkeit. — Man kühlt in kaltem Wasser schnell ab und setzt 30 ccm Sublimatlösung (Nro. 16) zu. Es muß eine sehr feine Trübung von Quecksilberchlorür entstehen:

$$SnCl_2 + 2HgCl_2 = Hg_2Cl_2 + SnCl_4.$$

Bildet sich diese Trübung nicht, so hat man zu wenig Zinnchlorürlösung zugegeben, bildet sich aber ein deutlicher weißer Niederschlag, so hat man zuviel Zinnchlorür genommen. In beiden Fällen ist die Operation von neuem zu beginnen.

Ist die Reaktion nach Wunsch verlaufen, so setzt man

---

*) Die Titration des Eisens im Ferromangan dient als Kontrolle der später folgenden Titration des Mangans. In der Praxis ergibt es sich nämlich, daß die Summe des Prozentgehalts an Mangan und Eisen in einem Ferromangan, das mehr als 60% Mangan enthält, ungefähr = 93 ist. In vielen Hütten begnügt man sich sogar damit, nur den Eisengehalt dieser Legierungen zu bestimmen. Findet man beispielsweise einen Eisengehalt von 10,60%, so kann man schließen, daß der Gehalt an Mangan = 93,00 — 10,60 = 82,40% beträgt.

**) Das heißt bis zur Reduktion des Eisenchlorids zu Eisenchlorür.
$$Fe_2Cl_6 + SnCl_2 = 2FeCl_2 + SnCl_4.$$

60 ccm Mangansulfatlösung (Nro. 17), dann ca. $^3/_4$ l ganz kaltes Wasser zu und titriert sofort mit Chamäleonlösung bis zur Rosafärbung. Zur Berechnung der Prozente nach den verbrauchten Kubikzentimetern Chamäleon dient Tabelle VIII.

Alle Eisenbestimmungen müssen doppelt ausgeführt werden.*)

8. Analyse der Hochofenschlacken. (Bestimmung von SiO_2, Al_2O_3, CaO, Mn und MgO.)

SiO_2. — In einer Porzellanschale von 85 mm Durchmesser rührt man 1 g mit etwas heißem Wasser an, fügt 15 ccm konzentrierte Salzsäure zu und verdampft auf dem Dampfbad zur Trockne. Der Rückstand wird nach dem Erkalten wieder in 5 ccm konz. Salzsäure und wenig kochendem Wasser gelöst, die Flüssigkeit filtriert (Schl. u. Sch. Schwarzband, 7 cm Dm.), Schale und Niederschlag erst mit kochendem salzsäurehaltigem Wasser, dann mit kochendem Wasser allein ausgewaschen, schließlich das Filter getrocknet, geglüht und gewogen. Durch Multiplikation des gefundenen Gewichts mit 100 erhält man Prozente.

Al_2O_3, CaO. — Zu dem in einem hohen Becherglas von $^1/_2$ l Inhalt befindlichen Filtrat gebe man einige Tropfen Brom und lasse unter öfterem Umschütteln eine Stunde stehen. Hierauf setze man verdünntes Ammoniak bis zur ammoniakalischen Reaktion zu, koche einige Zeit, filtriere (Schl. u. Sch. Schwarzband, 12 cm Durchmesser) in einen Meßkolben von 250 ccm Inhalt und wasche das Glas und den Niederschlag vollständig mit kochendem Wasser aus.**) Das Filter wird getrocknet, verascht und gewogen. Die Operation wird, wie bei der Bestimmung der Tonerde und des Kalks in Eisenerzen (S. 23 u. 24), fortgesetzt, doch nimmt

---

*) Siehe die Zeitschrift „L'Ancre de St.-Dizier" Nro. 3185 vom 14. XII. 1897, wo die Methode vom Verfasser genau beschrieben ist.
**) Siehe Seite 23 Anmerkung 2.

man zur Titration des Kalks 50 ccm (= 0,2 g), an Stelle von 125 ccm und läßt den Gehalt an P_2O_5 unberücksichtigt.

MgO. — Zur Bestimmung des Magnesiums nehme man 125 ccm der Flüssigkeit des Meßkolbens, setze eine Messerspitze Chlorammonium zu und fälle darin den Kalk, welcher wie oben titriert wird (Kontrollbestimmung). Natürlich gebraucht man jetzt $2^1/_2$ mal so viel Chamäleonlösung. Die Bestimmung des MgO wird sodann ebenso ausgeführt, wie bei der Analyse der Eisenerze.

Mn. — Für diese Bestimmung wiege man $2^1/_2$ g Schlacke ab und behandle sie in einer Porzellanschale von 125 mm Durchmesser mit 30 ccm Salzsäure und 5 ccm Salpetersäure. Nach dem Eindampfen zur Trockne auf dem Dampfbad, nehme man in 15 ccm konz. Salzsäure und kochendem Wasser auf, filtriere in einen Meßkolben von 250 ccm Inhalt, wasche wie oben aus und bringe mit einer Pipette 100 ccm (= 1 g) in einen Erlenmeyerkolben von 1 l Inhalt. Fortsetzung der Operation nach § 2, S. 29.

9. Manganerzanalyse. Bestimmung von SiO_2 und Mn. (Methode Volhard-Wolff.)

SiO_2. — In einem Platintiegel wird ein Gemenge von 1 g Erz mit dem Zehnfachen seines Gewichts Kaliumnatriumkarbonat und einer kleinen Messerspitze Kaliumchlorat wenigstens 2 Stunden über einer Gasflamme erhitzt, und die Masse von Zeit zu Zeit mit einem Platinspatel umgerührt. Man glüht sodann noch kurze Zeit vor dem Gebläse, läßt den Tiegel erkalten und löst in einer Porzellanschale von 180 mm Durchmesser in heißem Wasser, welchem man nach und nach konzentrierte Salzsäure zusetzt. Zur Vermeidung von Flüssigkeitsverlust bedecke man die Porzellanschale dabei mit einem Uhrglas und erwärme nötigenfalls. Nach erfolgter Lösung verdampft man auf dem Dampfbad zur Trockne, nimmt nach dem Erkalten der Schale wieder in kochendem Wasser und Salzsäure auf,

III. Untersuchungen.

filtriert in einem Meßkolben von $^1/_2$ l Inhalt (durch ein Filter Schl. und Sch., Schwarzband, von 9 cm Dm.), wäscht Schale und Filter längere Zeit mit heißem salzsäurehaltigem Wasser, dann mit heißem Wasser allein aus, trocknet, verascht und wiegt. Das mit 100 multiplizierte gefundene Gewicht gibt Prozente an.

Mn. — Das Filtrat läßt man erkalten, füllt mit Wasser zur Marke und schüttelt um. Mit Hilfe einer Pipette bringe man zur Titration des Mangans 100 ccm (= 0,2 g) in einen Erlenmeyerkolben von 1 l Inhalt.

§ 2.

Hierzu füge man 20 ccm konz. Salzsäure, dann 2 g Kaliumchlorat und erhitze auf dem Dampfbad bis zum Verschwinden der gelben Dämpfe. Nachdem man noch einen Augenblick über der Flamme erhitzt hat, setze man $^1/_2$ l Wasser zu und koche. Die Flüssigkeit muß nun stark umgeschüttelt werden, dann kann man unter fortwährendem Schütteln das geschlämmte Zinkoxyd zugeben. Die Oxyde des Eisens und Zinks müssen sich schnell absetzen, und die über dem Niederschlag stehende Flüssigkeit muß ganz durchsichtig sein, da sie sonst zur Titration ungeeignet ist. Der Niederschlag muß rot aussehen, mit einem Schimmer ins gelbe oder braune, und auf dem Boden des Gefäßes sei ein kleiner Überschuß des Zinkoxyds zu erkennen. Ist der Niederschlag weißlich und die Flüssigkeit trübe, so hat man zuviel Zinkoxyd zugesetzt, was sich durch Zusatz eines Tropfens HCl korrigieren läßt. Wenn die Operation nach Wunsch verlaufen ist, erhitzt man noch einen Augenblick über der Flamme und titriert sofort mit Chamäleonlösung. Man lasse die Lösung tropfenweise zufließen, schüttele nach jeder Zugabe um und lasse den Niederschlag sich absetzen, um die Färbung beobachten zu können. Die Titration ist beendet, sobald dauernde Rosafärbung eintritt.[*] Zur Berechnung siehe Tabelle VI.

---

[*] Die Reaktion verläuft nach folgender Gleichung:
$3 MnCl_2 + 2 KMnO_4 + 2 ZnO = 2 KCl + 5 MnO_2 + 2 ZnCl_2$.

Die Titration des Mangans ist, namentlich bei Manganerzen, möglichst zweimal auszuführen. Der annähernde Gehalt des Erzes an Mangan ist öfters schon bekannt, wenn dies nicht der Fall ist, bestimmt man ihn erstmalig annähernd, indem man bei der Titration jedesmal 1 ccm Chamäleonlösung zusetzt. Man arbeitet infolgedessen bei der zweiten Titration schneller d. h. in heißerer Lösung und erhält genauere Resultate.

10. Schwefelbestimmung in Eisen- und Manganerzen. (Methode Ledebur).

Ein inniges Gemenge von 3 g Erz mit 5 g Natriumkaliumkarbonat und $1/2$ g Kaliumnitrat wird in einem bedeckten Platintiegel erst schwach, dann 20 Minuten lang zur Rotglut erhitzt. Nach dem Erkalten löst man in einer mit einem Uhrglas bedeckten Porzellanschale (18 cm Dm.) in kochendem Wasser und gießt das Ganze, ohne zu filtrieren, in einen Meßkolben von 250 ccm Inhalt. Nach dem Erkalten füllt man mit Wasser zur Marke und schüttelt um. Den unlöslichen Rückstand läßt man absitzen und filtriert durch ein gewöhnliches trockenes Filter (100 mm Dm.) in ein dickes Becherglas von $1/2$ l Inhalt. Mit einer Pipette bringt man 200 ccm (= 2,4 g) der klaren Flüssigkeit in ein hohes Becherglas ($1/2$ l), säuert mit konz. Salzsäure schwach an und erwärmt. Fortsetzung der Operation nach § 1, Seite 21.

11. Siliciumbestimmung im Roheisen, Stahl, Spiegeleisen, Ferromangan und Ferrosilicium.

a) Im grauen Roheisen.

Man behandle 2 g in einer Porzellanschale (125 mm Dm.) mit 5 ccm kochendem Wasser, 1 g Kaliumchlorat und 30 ccm konzentrierter Salzsäure und rühre mit einem Glasstab um. Nach dem Eindampfen auf dem Dampfbad nehme

III. Untersuchungen. 31

man den Rückstand in 15 ccm konz. Salzsäure und 40 ccm kochendem Wasser auf, rühre um, lasse die gallertige Kieselsäure absitzen, filtriere (Schl. u. Sch. 589 Schwarzband, 7 cm Dm.), wasche mit kochendem salzsäurehaltigem Wasser, dann mit kochendem Wasser allein aus, trockne, verasche und wäge die Kieselsäure, welche ganz weiß sein muß.

b) **Im weißen Roheisen und Spiegeleisen.**

In einer Porzellanschale behandle man 2 g mit 60 ccm Salpeter-Schwefelsäure (Lösung Nro. 1), dampfe auf dem Dampfbad bis zur Bildung weißer Dämpfe ein, nehme den Rückstand in 15 ccm konz. Salzsäure und 150 ccm kochendem Wasser auf und fahre fort wie oben.

c) **Im Stahl.**

In einer mit einem Uhrglas bedeckten Porzellanschale behandle man 10 g mit 150 ccm Salpeter-Schwefelsäure (Nro. 1), welche man nach und nach zusetzt, dampfe nach Abnahme des Uhrglases ein, bis sich weiße Dämpfe bilden und nehme in 25 ccm konz. Salzsäure und 200 ccm kochendem Wasser auf. Fortsetzung der Operation wie oben.

d) **Im Ferrosilicium und Ferromangan.**

Man behandle 1 g mit 50 ccm Bromsalzsäure (Nro. 2), erhitze auf dem Dampfbad zur Lösung, setze 15 ccm verdünnte Schwefelsäure zu, verdampfe bis zur Bildung weißer Dämpfe, nehme in 15 ccm konz. Salzsäure und 40 ccm kochendem Wasser auf und verfahre wie oben. — Das Ferrosilicium muß zur Erhaltung richtiger Resultate ganz fein pulverisiert werden.

Zur Berechnung des Si siehe Tabelle II.

12. Schwefelbestimmung im Roheisen und Stahl. (Methode Schulte-Franke.)

Man wäge 10 g des Metalls ab und bringe sie, um das Anhaften an den Kolbenwänden zu verhüten, durch ein langes, vollkommen trockenes Trichterrohr in den Reaktionskolben (a), Fig. 4. Das Absorptionsgefäß (b) fülle man bis zu $1/3$ seiner Höhe mit 40 ccm Zink-Cadmiumacetatlösung (Nro 3).

Nachdem man den Apparat zusammengesetzt und sich überzeugt hat, daß er luftdicht schließt, behandelt man

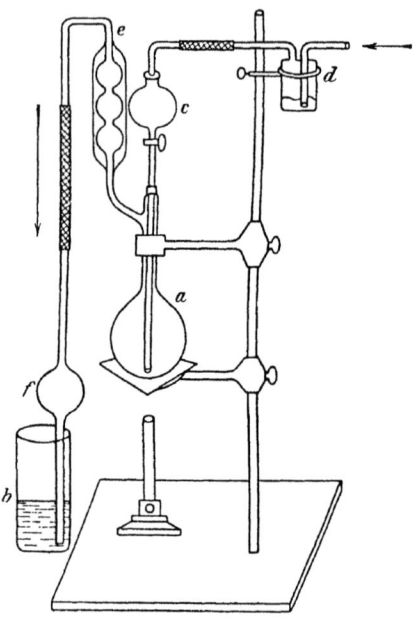

Fig. 4. Apparat Franke zur Schwefelbestimmung.

das Metall in der Kälte mit 50 ccm Wasser und 150 ccm verdünnter Salzsäure, welche man durch den Scheidetrichter (c) zufließen läßt und erwärmt, wenn die Reaktion langsamer wird. Der Kugelkühler (e) muß natürlich während der ganzen Operation in Tätigkeit sein, und man kann 5 Apparate hintereinander schalten, ohne daß sich das Kühlwasser bedeutend erhitzt. Nach $1\frac{1}{2}$ Stunden ist die

Operation beendet. Man verjagt nun den Rest des Gases durch einen Luftstrom von kurzer Dauer, welcher durch die mit etwas Wasser gefüllte Waschflasche (d) reguliert werden kann, schaltet das Absorptionsgefäß (b) mitsamt der Kugelröhre (f) aus und spült letztere in die Flüssigkeit ab.

Zu dieser setzt man 5 ccm Kupfersulfatlösung (Nro. 4), schüttelt um, läßt den Niederschlag von Schwefelkupfer absitzen und filtriert (Schl. u. Sch. Nro. 589, Schwarzband, 9 cm Dm.). Man wäscht 10 mal mit heißem Wasser aus und trocknet in einem Porzellantiegel auf dem Dampfbad. Das Filter wird über einer kleinen Flamme verascht und, wenn alles Papier verbrannt ist, bei zu $^2/_3$ bedecktem Tiegel zur Rotglut erhitzt.

Schließlich glüht man noch eine halbe Minute sehr stark bei vollständig geschlossenem Tiegel, um Spuren von $CuSO_4$, welche sich gebildet haben könnten, zu zerstören. Wenn das Kupferoxyd auf dem Boden des Tiegels haftet, hat man anfangs zu stark erhitzt.[*] Zur Berechnung des Schwefels nach dem Gewicht des Kupferoxyds siehe Tabelle III.

Bei dieser Methode wird das entstandene Schwefelkadmium in Schwefelkupfer umgesetzt, aber es bleibt ein Überschuß von Kupfersulfat in Lösung. Da die Flüssigkeit sauer ist, werden die Acetate in Sulfate verwandelt, welche auf dem Filter leichter auszuwaschen sind als die Acetate. Um zur Bildung des Schwefelkupfers zu gelangen, muß man vom Kadmiumacetat ausgehen, denn bei direkter Anwendung von Kupferacetat würde man neben Kupfersulfid auch Kupferphosphid und damit zu hohe Resultate erhalten. Da Phosphorwasserstoff auf Zink- und Kadmiumacetat nicht einwirkt, kann man also die Bildung des Kupferphosphids durch Ausgang von diesen Acetaten vermeiden. Die Reaktionen verlaufen nach folgenden Gleichungen:

1. $CdS + CuSO_4 = CuS + CdSO_4$,

---

[*] Die Tiegel reinigt man am besten mit warmer Salzsäure.

2. $Cd(C_2H_3O_2)_2 + H_2SO_4 = CdSO_4 + 2\,C_2H_4O_2$
 (Acetat) (Essigsäure.)

Zur Verhütung des Zerspringens der Reaktionskolben lockere man sofort nach beendigter Operation die eingeschliffenen Scheidetrichter. Die einzige Kautschukverbindung des Apparats ist von Zeit zu Zeit zu erneuern.*)

13. Manganbestimmung im Stahl.
(Methode Schneider.)

In einem Erlenmeyerkolben von 200 ccm Inhalt behandelt man 1 g Stahlspäne mit 25 ccm verdünnter Salpetersäure und erhitzt nach beendigter Lösung zum Kochen. Nach vollständigem Erkalten setzt man weitere 25 ccm verdünnte Salpetersäure, sodann einen kleinen Löffel Wismuttetroxyd (2—3 g) hinzu, schüttelt stark um und läßt 5 Minuten stehen. Man filtriert hierauf an der Saugpumpe in eine dickwandige Flasche (1 l) mit seitlichem Ansatzrohr. Als Filter dient ein Pfropfen aus Glaswolle und eine 3 bis 4 cm dicke Lage von geglühtem Asbest, welcher in einem mit $KMnO_4$ geröteten Salpetersäurebad indifferent gemacht und schließlich mit reichlichem Wasser gewaschen worden ist. Die durchlaufende Flüssigkeit muß ganz klar sein und darf keine Teilchen des Wismuttetroxydes enthalten; andernfalls ist die Operation von neuem zu beginnen. Man wäscht mit kaltem Wasser aus, bis die Flüssigkeit ungefärbt durchläuft und titriert unter starkem Umschütteln mit der Wasserstoffsuperoxydlösung, welche man tropfenweise bis zur völligen Entfärbung zufließen läßt. Zur Berechnung dient Tabelle V. — Bei dieser Methode wird das mit dem Stahl verbundene Mangan durch das Wismuttetroxyd in Übermangansäure verwandelt. Das Wasserstoffsuperoxyd reduziert diese zu Manganoxydul:

$$Mn_2O_7 + 5\,H_2O_2 = 2\,MnO + 5\,H_2O + 5\,O_2.$$

---

*) Siehe auch „Stahl und Eisen" 1897 Nro. 12 und 1898 Nro. 7.

14. Manganbestimmung im Roheisen und Stahl.
(Methode „Rote Erde".)

In einem Meßkolben von $1/2$ l Inhalt behandelt man 5 g Roheisen oder Stahl*) mit 80 ccm Salpeter-Schwefelsäure (Nro. 11). Man füge zur Verhütung von Verlust die Säure allmählich zu, erhitze zunächst auf dem Dampfbad bis zum Verschwinden der roten Dämpfe und schließlich auf der Flamme zur vollständigen Lösung. Nach dem Erkalten füllt man mit Wasser zur Marke, schüttelt um und läßt stehen, damit der Graphit (bei grauem Roheisen) und die Kieselsäure sich absetzen können.

Mit einer Pipette bringe man nun 100 ccm (= 1 g) beim Roheisen, und 200 ccm (= 2 g) beim Stahl in einen Erlenmeyerkolben von 1 l Inhalt, setze ungefähr 3 g Baryumsuperoxyd hinzu, schüttele stark um, füge kurz darauf 15 ccm verdünnte Salpetersäure, sodann nach Umschütteln 400 ccm Wasser zu und erhitze unter öfterem Umschütteln auf der Flamme. Die Flüssigkeit muß 15 Minuten im Kochen erhalten werden. Hierauf fälle man vorsichtig mit geschlämmtem Zinkoxyd unter Beobachtung der bei der Manganbestimmung in Manganerzen gegebenen Vorschriften (§ 2 Seite 29) und titriere mit Chamäleonlösung. Zur Berechnung dient Tabelle VI.

15. Phosphorbestimmung im Roheisen und Stahl.
(Methode Pittsburgh.) **)

Zur Bestimmung des Phosphors im Roheisen benutzt man die bei der Bestimmung des Mangans nach der Methode „Rote Erde" erhaltene Reaktionsflüssigkeit (siehe

---
*) Diese Methode dient für Stahl als Kontrolle der Methode Schneider, bei einem Gehalt an Mangan, der höher ist als 0,5 %.
**) Diese Methode findet sich ausführlich beschrieben in der Zeitschrift „L'Ancre de St.-Dizier", Nro. 3187 und 3191 vom 18. XII. 1897 und vom 25. I 1898.

Seite 35), bringt 25 ccm (= 0,25 g) von dieser in ein hohes Becherglas von $^1/_2$ l Inhalt, wobei man vermeidet, daß Teilchen des abgesetzten Graphits mit in die Pipette gelangen und fügt 10 ccm verdünnte Salpetersäure hinzu. Hat man das Mangan nicht in dem zu analysierenden Roheisen zu bestimmen, so kann man direkt 5 g Roheisen mit 80 ccm verdünnter Salpetersäure in einem Meßkolben von $^1/_2$ l Inhalt, unter Beobachtung der oben (Seite 35) gegebenen Vorschriften, behandeln.

Beim Stahl löst man direkt 4 g in einem hohen Becherglas ($^1/_2$ l) in 65 ccm verdünnter Salpetersäure.

Die in dem Becherglas enthaltene Versuchsprobe von Roheisen oder Stahl wird nun über der Flamme erhitzt, wobei man das Becherglas mit einem Uhrglas bedeckt hält. Sobald das Kochen beginnt, setzt man 5 ccm Kaliumpermanganatlösung (Nro. 5) zu und läßt drei Minuten kochen, nach welcher Zeit die Oxydation im allgemeinen beendet ist. Man überzeuge sich hiervon, indem man die Flüssigkeit in rotierende Bewegung setzt; war die Oxydation nicht vollständig, so läßt die Flüssigkeit einen eigentümlichen metallischen Ton vernehmen.

Man setzt hierauf 20 ccm Chlorammoniumlösung (Nro. 6) hinzu, kocht bis zur vollständigen Klärung und gibt, ohne weiter zu erhitzen, 20 ccm Ammoniumnitratlösung (Nro. 7) und 40 ccm Molybdänlösung (Nro. 8) zu. Man vermeide, die Molybdänlösung den Wänden des Becherglases entlang einfließen zu lassen und gieße sie vielmehr in die Mitte der gleichzeitig in Umdrehung versetzten Flüssigkeit. Hierauf stellt man das Becherglas eine halbe Minute auf das Dampfbad, schüttelt nochmals stark um und läßt erkalten.

§ 3.

Den abgesetzten gelben Niederschlag von Phosphorammoniummolybdat filtriert man durch gewöhnliches Filtrierpapier (9 cm Dm.) ab, und wäscht Glas und Filter wenigstens zehnmal mit Salpeterlösung (Nro. 9) aus, bis das Waschwasser ganz neutral ist (Prüfung mit Lakmuspapier). Nachdem man noch einmal mit kaltem Wasser ausgewaschen hat, bringt man das Filter mit seinem Inhalt in das Becherglas zurück und gibt aus einer Pipette 25 ccm titrierte Natronlauge zu, welche man an den Wänden des Becherglases einfließen läßt, um Teilchen des gelben Niederschlages, welche hier möglicherweise noch haften könnten, zu lösen. Die Lösung des Niederschlages erleichtert man durch Zerreissen des Filters mit einem Glasstab. Man setzt nun einen Tropfen Phenolphtaleïnlösung (Nro. 10) hinzu und, wenn die Flüssigkeit sich nicht sofort rot färben sollte, nochmals 25 ccm der titrierten Natronlauge und etwas Wasser. Titriert wird mit der Salpetersäurelösung bis zur Entfärbung. Man bemerkt, daß einen Augenblick vor der gänzlichen Entfärbung die Flüssigkeit einen violetten Schein annimmt; es genügt dann ein Tropfen der Säure zur vollständigen Entfärbung. Zur Berechnung siehe Tafel IV.

16. Bestimmung des Gesamt-Kohlenstoffs im Roheisen und Stahl. (Methode Särnström.)

Der für diese Methode dienende Apparat (Fig. 5) setzt sich aus folgenden Teilen zusammen:

1. Ein Absorptionsrohr (a) nach Winkler-Kyll, mit Kalilauge gefüllt (No. 25), zur Absorption der Kohlensäure der Luft.

2. Ein Corleisscher Reaktionskolben (b), mit dem Absorptionsrohr (a) durch einen Kautschukschlauch verbunden, der mit Quetschhahn versehen ist. In den etwas konisch zulaufenden und oben erweiterten Kolbenhals ist ein Kühler eingeschliffen. Um jedem Verlust an Gas vorzubeugen, gießt man in die Vertiefung rings um die Einsatzstelle des Kühlers etwas Wasser. Die Reagenzien werden durch ein seitliches Ansatzrohr, welches durch einen Glasstopfen verschließbar ist, eingeführt.

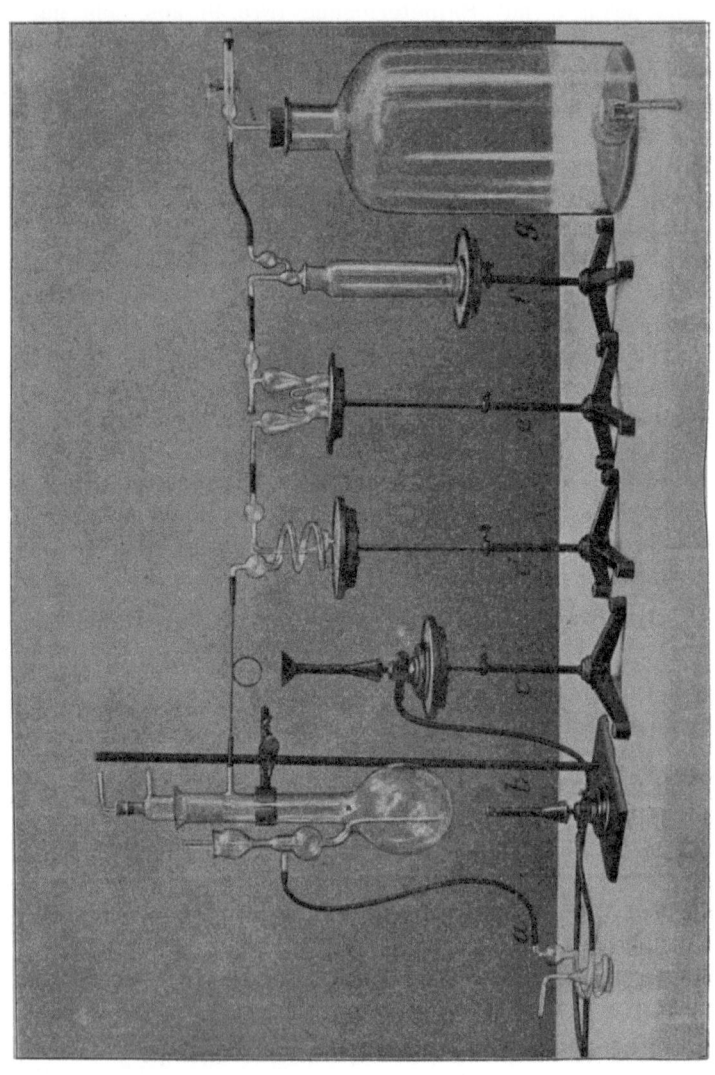

3. Ein Platinrohr (c) von $^1/_2$ mm innerem Durchmesser, welches an der Stelle, wo es zur Verbrennung erhitzt wird, zum Kreis gebogen ist.

4. Ein Absorptionsapparat (d) nach Winkler, mit konzentrierter Schwefelsäure gefüllt, zur Aufnahme der Feuchtigkeit des Gases.

5. Ein Mohrscher Kaliapparat (e), vor und nach der Operation zu wiegen. Er enthält Kalilauge (No. 25) und trägt ein eingeschliffenes Chlorcalciumrohr zur Aufnahme der Feuchtigkeit, welche der Gasstrom aus der Kalilauge mitgerissen haben könnte.

6. Eine Gaswaschflasche (f) nach Drechsel, mit konzentrierter Schwefelsäure beschickt, zur Absorbierung von Feuchtigkeit aus der Luft und zur Beobachtung und Regulierung des Gasstroms.

7. Eine Saugflasche (g) mit Chlorcalciumrohr, welches das Eindringen von Feuchtigkeit in die Waschflasche verhindert. Die Saugflasche trägt unten einen Ausflußhahn zur bequemen Regulierung des Gasstroms. Das Ausflußrohr taucht in einen Wasserbehälter, damit keine Luft in den Apparat eintreten kann.

Zur Verbindung der einzelnen Teile des Apparats dienen Kautschukschläuche.

Will man das Absorptionsgefäß (e) für Kohlensäure mit Kalilauge füllen, so taucht man das äußerste Rohrende der großen Kugel in das die Kalilauge enthaltende flache Gefäß und saugt am andern Rohr, bis die drei unteren Kugeln zu $^3/_4$ gefüllt sind. Das eingetauchte Rohr trocknet man innen und außen mit etwas Filtrierpapier ab und setzt dann das Chlorcalciumrohr ein, welches gekörntes $CaCl_2$ zwischen zwei Wattepfropfen enthält. Die beiden Öffnungen verschließt man durch Gummischlauchstückchen, in denen sich kurze Glasstäbchen befinden, welche immer mit dem Apparat gewogen werden.

Man prüft nun, ob der Apparat vollkommen schließt. Zu diesem Zweck öffnet man den Quetschhahn des Kautschukschlauchs zwischen dem Kolben und dem Absorptionsgefäß (a), sodann allmählich den Hahn der Saugflasche, worauf ein regelmäßiger Luftstrom eintreten muß. Nach Ausschaltung des Mohrschen Apparats bringt man die abgewogene Metallprobe (1,5 g Roheisen oder 3 g Stahl*) in den Reaktionskolben, indem man den Kühler herausnimmt. Man vermeide sorgfältig, daß Teilchen des Metalls an dem Kolbenhals anhaften und benutze zur Einfüllung der Probe ein trockenes weites Trichterrohr. Ist der Kühler wieder in den Kolben eingesetzt, und sind alle Teile des Apparates (außer dem Kaliapparat) miteinander verbunden, so erhitzt man die Platinspirale durch eine untergestellte Flamme zur hellen Rotglut und läßt einige Liter Luft durch den Apparat streichen. Inzwischen wird der sorgfältig mit einem seidenen Tuche getrocknete Kaliapparat genau gewogen und nach Schließen des Hahns der Saugflasche wieder in den Apparat eingeschaltet.

Durch die seitliche Öffnung des Reaktionskolbens führt man nun die Reagenzien ein. Für Roheisen nimmt man 20 ccm Chromsäurelösung (Nro. 23) und 150 ccm verdünnte Schwefelsäure, beim Stahl ebensoviel Chromsäure und 200 ccm verdünnte Schwefelsäure und reguliert das Einfließen durch den Hahn der Saugflasche. Man gebe die Schwefelsäure erst dann zu, wenn die gesamte Chromsäure zugeflossen ist, schüttle zur besseren Mischung der Flüssigkeiten den Kolben etwas um, zünde die Flamme unter ihm an, setze den Kühler in Tätigkeit und reguliere den Gasstrom so, daß die in den Apparaten durchgehenden Gasblasen einander regelmäßig folgen. Zur Vermeidung einer zu lebhaften Gasentwicklung, welche das Zuströmen der zur Verbrennung der Kohlenwasserstoffe nötigen Luft

---

*) Die Bestimmung des Kohlenstoffs im Stahl nach dieser Methode dient als Kontrolle der später beschriebenen Methode Eggerts. Man bestimmt prinzipiell den Kohlenstoff des Stahls gewichtsanalytisch nur dann, wenn der Gehalt an Kohlenstoff 0,2 % übersteigt.

III. Untersuchungen. 41

hindern würde, erwärme man den Kolben ganz allmählich und halte dann $2^1/_2$ Stunden in schwachem Kochen. Man löscht nun alle Flammen, schaltet den Kaliapparat aus, trocknet ihn sorgfältig ab und wiegt ihn wieder. Die Differenz beider Gewichte entspricht der gebildeten absorbierten Kohlensäure. Zur Berechnung des Prozentgehalts siehe Tabelle XV.

17. Bestimmung des gebundenen Kohlenstoffes im Stahl. (Methode Eggertz-Spuller).*)

Zur Ausführung der Untersuchung bedarf man folgender Utensilien:

1. Mehrerer Probierröhrchen von 125 mm Länge und 15 mm Durchmesser.

2. Eines aus Kupfer gefertigten Gefäßes (Figur 6) von 125 mm Höhe und 140 mm Durchmesser, mit abnehmbarem Deckel, dessen Öffnungen zum Einsetzen der Probierröhrchen dienen. Durch eine in der Mitte angebrachte Öffnung läßt sich ein Thermometer einführen. In einer Höhe von 15 mm über dem Boden des Gefäßes ist ein Drahtnetz angebracht. Das Gefäß ist mit Paraffin bis 7 cm vom oberen Rand gefüllt.

3. Mehrerer genau kalibrierter Röhren von 12 mm innerem Durchmesser und 275 mm Länge. Sie fassen 30 ccm und sind von unten in zehntel ccm geteilt.

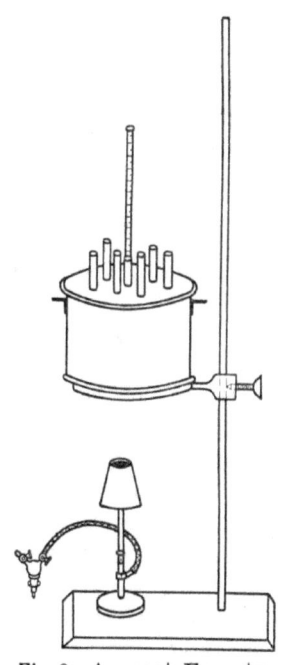

Fig. 6. Apparat Eggertz.

---

*) Siehe Ledebur, Leitfaden, 5. Aufl.

4. Eines Gestelles aus Holz für die Meßröhren.

5. Einer Dunkelkammer mit Fuß nach Wedding (Fig. 7) aus schwarzem Holz, mit zwei Öffnungen zum Einsetzen der Röhren, einer weißen und einer braunen Glasplatte.*) Der Kasten ist 610 mm lang und 38 mm hoch. Die vordere Öffnung ist 127, die hintere 90 mm breit.

6. Einer Reihe von Normalstahlen, deren Gehalt an

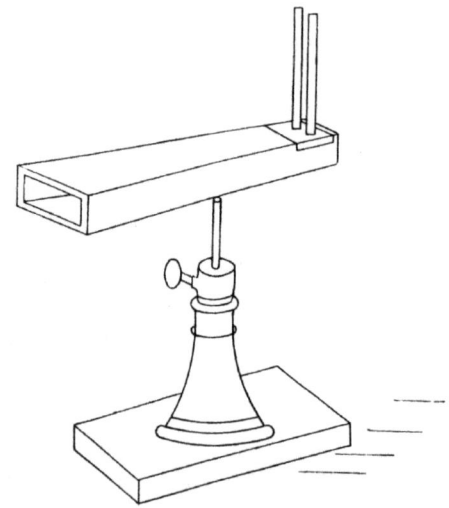

Fig. 7. Dunkelkammer nach Wedding.

Kohlenstoff genau bekannt ist. Sie werden in Flaschen mit Glasstopfen, vor Feuchtigkeit und sauren Dämpfen geschützt, aufbewahrt.

Zur Analyse verfährt man folgendermaßen:

Man wäge 0,1 g des Versuchsstahles und ebensoviel des Normalstahles in Probierröhrchen ab, die zur Vermeidung von Verwechselungen nummeriert sind. Der ge-

---

*) Die braune Glasplatte dient für Ablesungen bei Lampenlicht.

wählte Normalstahl habe tunlichst einen etwas höheren Gehalt an Kohlenstoff als der Versuchsstahl. Zur Auflösung setze man zu den Proben nach und nach 5 ccm verdünnte Salpetersäure und stelle die Röhren währenddessen und bis zum Nachlassen des Aufbrausens in kaltes Wasser, um das Übersteigen der Flüssigkeit zu verhindern. Die getrockneten Röhren bringe man dann in das Paraffinbad, welches auf 135° erhitzt ist und dessen Temperatur nicht unter 125° sinken darf. Nachdem die Versuchsröhren 5 Minuten in dem Bad gestanden haben, nimmt man sie heraus und stellt sie in kaltes Wasser. Den Inhalt derselben gießt man in die kalibrierten Röhren und bringt auf gleiche Färbungen, indem man aus einer Spritzflasche kaltes Wasser zufügt. In keinem Falle dürfen die Röhren dann weniger als 8 ccm Flüssigkeit enthalten. Zur Vergleichung der Färbungen bringt man die Röhren in die Dunkelkammer, stellt abwechselnd die Röhre mit der Normalstahllösung rechts und links neben die andere und liest schließlich, bei erreichter Gleichheit der Färbungen, die Niveaus ab. Der Prozentgehalt (x) des Stahles ist dann:

$$x = \frac{\text{Prozentgehalt des Normalstahls} \times \text{Anzahl der ccm Versuchsstahl}}{\text{Anzahl der ccm Normalstahl.}}$$

18. Kupferbestimmung im Roheisen und Stahl. (Methode Reis).*)

In einem hohen Becherglas von 1 l Inhalt behandelt man 10 g des Metalls mit einer Mischung von 50 ccm Wasser und 100 ccm konzentrierter Salzsäure. Nach Beendigung der ersten stürmischen Einwirkung läßt man die Flüssigkeit an einem warmen Ort bis zu vollständiger Lösung — etwa eine Stunde — stehen, setzt dann 30 ccm 3 prozentiges Wasserstoffsuperoxyd zu und kocht ungefähr zehn Minuten zur Vertreibung des Überschusses. Hierauf fügt

---

*) Siehe „Stahl und Eisen" 1891, Seite 238. — Arth, Recueil des procédés de dosage, Seite 280. — Jagnaux, Anal. chim. des subst. com. S. 870.

man 5 g Natriumhypophosphit zu, kocht, setzt nach einigen Minuten $^1/_2$ l Wasser zu und gießt unter Umschütteln 10 ccm Ammoniumsulfokarbonat in die Flüssigkeit. — Wenn sich der gebildete braune Niederschlag abgesetzt hat, filtriert man ihn ab und wäscht ihn 10 mal mit Ammoniumsulfokarbonatlösung (Nro. 24) und 3 mal mit reinem Wasser. — Das Filter wird getrocknet, in einem Porzellantiegel verascht und, wenn es verbrannt ist, noch 5 Minuten zu schwacher Rotglut erhitzt. — Den Rückstand löst man unter gelindem Erwärmen in einigen Tropfen konzentrierter Salpetersäure und fügt ein wenig Wasser, dann konzentriertes Ammoniak bis zur intensiven Blaufärbung hinzu. — Man gießt die Flüssigkeit durch ein Filter in einen Meßkolben von 50 ccm Inhalt, welchen man durch Auswaschen mit Ammoniakwasser füllt.

Die Färbung der erhaltenen Lösung vergleicht man nun mit der Normalkupferlösung, welche etwas heller sein muß als die zu prüfende Lösung. Führt die soeben beschriebene Operation nicht zu diesem Ergebnis, so muß man 20 g des Metalls anwenden oder in einen Meßkolben von 25 ccm Inhalt filtrieren. Selbstverständlich gebraucht man in ersterem Fall die doppelte Menge der Reagenzien. Zur Vergleichung der Färbungen bedient man sich zweier Eggertzschen Röhren, gießt in die eine 5 ccm der Normalkupferlösung, in die andere 5 ccm der Versuchslösung und verdünnt letztere mit destilliertem Wasser, das aus einer Bürette zufließt, bis zur Farbengleichheit. Man stellt dabei die zwei Lösungen vor ein Blatt weißes Papier und beobachtet, indem man dem Licht den Rücken zukehrt.[*]

Bezeichnet man mit a die Anzahl ccm der Versuchslösung, bei Farbenübereinstimmung abgelesen, so ist der Gehalt an Kupfer:

$$\frac{a \cdot 0{,}0025}{5} = a \cdot 0{,}0005$$

---

[*] Auch kann man die Weddingsche Dunkelkammer benutzen, welche bei der Methode Eggertz-Spuller besprochen wurde.

Hat man zur Untersuchung 10 g Metall und einen Meßkolben von 50 ccm Inhalt genommen, so ist der Prozentgehalt:
a · 0,05.

Hat man 20 g Metall oder einen Meßkolben von 25 ccm Inhalt genommen, so ist dieses Resultat durch 2 zu teilen.

19. Manganbestimmung im Ferromangan und Spiegeleisen (Methode Volhard-Wolff).

In einem Meßkolben von 1 l Inhalt behandle man 2 g Ferromangan oder 5 g Spiegeleisen mit 20 resp. 50 ccm konzentrierter Salzsäure unter Erwärmen auf dem Dampfbad bis zur vollständigen Lösung, füge 3 g Kaliumchlorat hinzu und erhitze bis zum Verschwinden der Chlordämpfe. Nach vollständigem Erkalten fülle man mit Wasser zur Marke und schüttle um.

Zur Titration des Mangans bringe man 100 ccm der Flüssigkeit in einen Erlenmeyerkolben von 1 l Inhalt. Diese Menge entspricht 0,2 g der Probe Ferromangan und 0,5 g der Proße Spiegeleisen.

Den Überschuß der Flüssigkeit verdampfe man auf dem Dampfbad und fahre mit der Operation nach § 2, S. 29, fort.

20. Bestimmung der Gesamtphosphorsäure der Thomasschlacken (Methode Wagner).

In einem Erlenmeyerkolben von 200 ccm Inhalt behandle man 5 g der Schlacke, wie sie aus der Mühle kommt, d. h. ohne daß sie von eventuellen Eisenteilen befreit ist, mit 25 ccm konzentrierter Schwefelsäure. Man nehme einen ganz trockenen Kolben, damit das Pulver nicht an den Wänden haften kann, schüttele mit der Säure stark um, damit auch das Anhängen an dem Boden des Gefäßes vermieden wird und erhitze unter öfterem Umschütteln schwach über einer Flamme. Die Reaktion ist beendet, wenn die Masse dick wird, eine gelblichweiße Farbe annimmt und wenn schwefelsaure Dämpfe entweichen. Nach vollständigem Erkalten füge man nun aus einer

Spritzflasche sehr vorsichtig und unter fortwährendem Umschütteln tropfenweise kaltes Wasser zu, um ein zu Dickwerden der Masse zu verhüten. Die Flüssigkeit wird sich infolgedessen stark erhitzen, man lasse daher von neuem erkalten, spritze die Masse sodann mit einer Spritzflasche durch einen Trichter in einen Meßkolben von 250 ccm Inhalt, füge Wasser hinzu, bis die Flasche zu $^3/_4$ gefüllt ist und lasse in kaltem fließenden Wasser vollständig erkalten. Man fülle dann mit Wasser zur Marke und schüttele zur vollständigen Mischung um. Wenn sich das Kalksulfat abgesetzt hat, filtriere man durch ein trockenes graues Faltenfilter (Max Dreverhoff, Nro. 259, von 18 cm Durchmesser) in ein starkwandiges trockenes Becherglas von $^1/_2$ l Inhalt.

Mit den ersten durchlaufenden Tropfen spült man das Glas aus, gießt sie fort, da sie meist trübe sind und filtriert etwa 100 ccm der Flüssigkeit, die nun ganz klar durchlaufen muß, in das ausgespülte Glas. Mit einer Pipette bringt man 50 ccm (= 1 g) des klaren grünen Filtrats in ein starkwandiges Becherglas von $^1/_4$ l Inhalt, fügt 100 ccm Ammoniumcitratlösung (Nro. 12) (genau gemessen) zu und schüttelt um. Man setzt weiter, unter starkem Schütteln, 35 ccm Magnesiamischung (Nro. 13) (ebenfalls genau gemessen) zu, rührt mit einem unten mit einem Stückchen Kautschukschlauch überzogenen Glasstab bis zur Bildung eines Niederschlages um, läßt wenigstens $^3/_4$ Stunden stehen und filtriert durch ein Filter (Sch. u. Sch. Nro. 589, Schwarzband) von 7 cm Durchmesser. Glas und Niederschlag werden wenigstens 12 mal mit Ammoniakwasser (Nro. 14), dann noch 2 mal mit reinem Alkohol ausgewaschen.

Das Filter und sein Inhalt wird getrocknet, verascht und gewogen. Man überzeuge sich, ob der geglühte Niederschlag durch und durch vollkommen weiß ist. Sollte dies nicht der Fall sein, so lasse man den Tiegel vollständig erkalten, befeuchte die Masse mit einigen Tropfen Ammoniumnitratlösung (Nro. 7), trockne wieder vorsichtig und fahre mit der Veraschung fort. Zur Berechnung der Phosphorsäure s. Tab. XIV.

III. Untersuchungen. 47

21. Bestimmung der zitronensäurelöslichen Phosphorsäure der Thomasschlacken (Methode Wagner).

Zur Ausführung der Untersuchung gebraucht man einen Wagnerschen Schüttelapparat, welcher durch einen kleinen Heißluftmotor getrieben werden kann. Geeignet ist ein Apparat mit 6 oder 10 Flaschen von $^1/_2$ l Inhalt und ein Motor von $^1/_{40}$ Pferdestärke.*) (Fig. 8.)

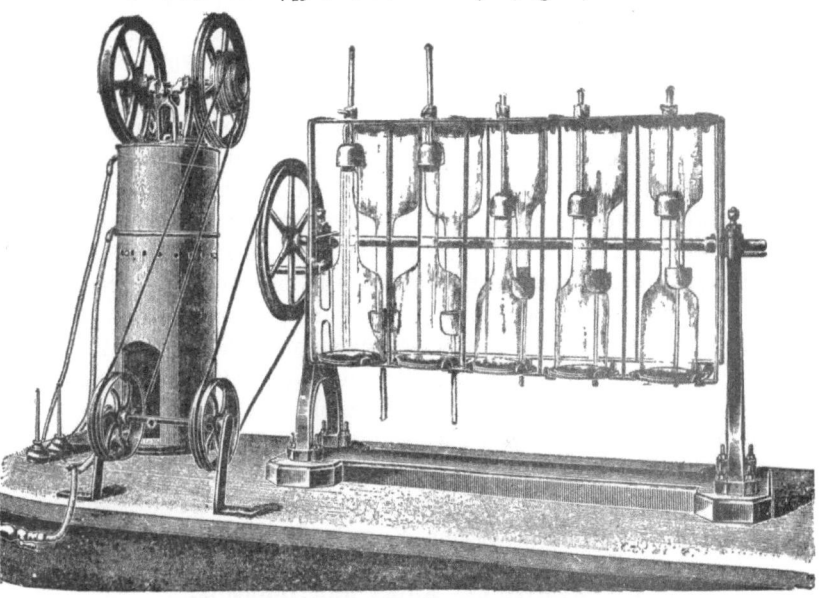

Fig. 8. Rotier-Schüttelapparat nach Wagner.

Vor Beginn der Analyse bereite man sich eine verdünnte Lösung von Zitronensäure, indem man zu 1 l der Wagnerschen Lösung (Nro. 20) 4 l Wasser setzt, beide genau gemessen. Da die verdünnte Lösung sich weniger gut hält als die konzentrierte (Nro. 20), bereite man sie frisch vor jedesmaligem Gebrauch.

---
*) Der Apparat ist bei Ehrhardt Metzger Nachf., Darmstadt erhältlich.

In eine Flasche des Apparats, deren Wände man vorher mit 5 ccm Alkohol genetzt hat, um das Anhaften des Mehles zu verhindern, wiegt man 5 g Schlacke ab, füllt mit der frischbereiteten verdünnten Zitronensäurelösung bis zur Marke und läßt genau 30 Minuten, mit einer genau innegehaltenen Geschwindigkeit von 30 bis 40 Umdrehungen pro Minute, rotieren. Die Temperatur der Umgebung betrage möglichst 17,5°. Man lasse immer 2, 4 oder 6 verschiedene Proben zur Untersuchung gleichzeitig rotieren, oder stelle das Gleichgewicht eventuell durch Füllen der Flaschen mit Wasser her.

Inzwischen halte man ein trockenes Filter aus grauem Papier (Max Dreverhoff Nro. 259) von 18 cm Durchmesser und ein trockenes Becherglas von $1/2$ l Inhalt bereit. Sobald die 30 Minuten verflossen sind, filtriere man schnell und gieße die ersten Tropfen des Filtrates fort, da sie meistens trübe durchlaufen. Vermittelst einer Pipette bringe man 50 ccm der klaren Flüssigkeit in ein starkwandiges Becherglas von $1/4$ l Inhalt, setze 50 ccm Magnesiacitratmischung (Nro. 21) zu und schüttele stark um. Fortsetzung der Operation wie bei der Bestimmung der Gesamt-Phosphorsäure. Bei der Berechnung nach Tab. XIV berücksichtige man, daß bei dieser Untersuchung nur 0,5 g der angewandten Substanz vorlagen.

— Da diese Methode ganz konventionell ist, halte man sich genau an die gegebenen Vorschriften. —

22. Analyse des Kalks und Dolomits.
Bestimmung von SiO_2, CaO, MgO, $Fe_2O_3 + Al_2O_3$.

SiO_2. In einer Porzellanschale von 125 mm Durchmesser behandle man 1 g der Probe mit 10 ccm konzentrierter Salzsäure und einigen Tropfen konzentrierter Salpetersäure, rühre mit einem Glasstab um, verdampfe auf dem Dampfbad zur Trockne, nehme wieder mit 5 ccm konzentrierter Salzsäure und kochendem Wasser auf, filtriere durch ein Filter von 7 cm (Schl. u. Sch. Schwarzband) in ein Becherglas von $1/2$ l Inhalt und wasche mit heißem Wasser aus. Der Kieselsäureniederschlag wird getrocknet, verascht und gewogen. Sein mit 100 multipliziertes Gewicht zeigt Prozente an.

$Fe_2O_3 + Al_2O_3$. Zum Filtrat gibt man eine Messerspitze Chlorammonium und nach vollständigem Erkalten einen Tropfen Brom. Man läßt eine Stunde unter öfterem Umschütteln stehen, setzt konzentriertes Ammoniak bis zur ammoniakalischen Reaktion zu, kocht und filtriert durch ein Filter von 9 cm Durchmesser (Schl. u. Sch. Schwarzband) in einem Meßkolben von $^1/_2$ l Inhalt. Der Niederschlag[*]) und das Glas werden mit kochendem Wasser ausgewaschen, das Filter wird getrocknet, verascht und gewogen. Sein mit 100 multipliziertes Gewicht ergibt den Prozentgehalt von $Fe_2O_3 + Al_2O_3$. Da dieser Gehalt sehr niedrig ist, braucht man die beiden Körper nicht einzeln zu bestimmen.

Ca O. Das Filtrat läßt man erkalten, füllt mit Wasser zur Marke auf und schüttelt um. Die Bestimmung des Kalks führe man zweimal nebeneinander aus, bringe mit einer Pipette jedesmal 100 ccm (= 0,2 g) in ein Becherglas von $^1/_2$ l Inhalt und säure mit etwas Essigsäure leicht an, um die Fällung eines Teils der Magnesia zu verhindern. Man setze die Essigsäure tropfenweise zu und prüfe mit Lakmuspapier, ob die Flüssigkeit sauer ist. Nach Erhitzen zum Kochen fällt man den Kalk mit 20 ccm Ammoniumoxalatlösung (Nro. 18) als Calciumoxalat, läßt zwei Stunden stehen, filtriert durch gewöhnliches Filtrierpapier und wäscht mit heißem Wasser aus. Die Operation wird sodann wie bei der Bestimmung des Kalks in Eisenerzen (Seite 24) fortgesetzt.

Mg O. Man vereinigt die beiden von der zweimaligen Kalkuntersuchung restierenden Filtrate, welche nun zusammen = 0,4 g der Versuchsprobe entsprechen, und engt die Flüssigkeit auf dem Dampfbad ein, bis ihr Volumen etwa 150 ccm beträgt. Nach vollständigem Erkalten setzt man 20 ccm konzentriertes Ammoniak zu und fällt mit

---

[*]) Siehe Seite 23 Anmerkung 2.

40 ccm Natriumphosphatlösung (Nro. 19). Man schüttelt stark um, läßt 6 Stunden stehen und fährt mit der Operation wie bei der Bestimmung der Magnesia in Eisenerzen fort (S. 24).

Der entstandene Niederschlag von Magnesium-Ammoniumphosphat ist der nämliche, welchen man bei der Bestimmung der Phosphorsäure in Thomasschlacken erhalten hat. Man überzeuge sich auch hier davon, daß er innen und außen vollkommen weiß ist und bediene sich eventuell des bei jener Methode angegebenen Verfahrens, um ihn vollständig weiß zu erhalten.

23. Direkte Bestimmung der Tonerde.

Bei der Analyse der Eisenerze und Hochofenschlacken hatten wir die Tonerde bisher aus der Differenz bestimmt. Da diese Methode, bei dem geringsten Fehler in der Bestimmung jener Körper, welche die Tonerde begleiten (Fe, Mn, P), natürlich zu ungenauen Resultaten führt, sei hier eine direkte, nach der Methode Chancel modifizierte und bei Campredon*) angegebene Bestimmung der Tonerde beschrieben, welche sich als sehr zuverlässig erwiesen hat.

Man verdünne 100 ccm (= 1 g) der von der Kieselsäure abfiltrierten salzsauren Lösung (Seite 22) in einem Erlenmeyerkolben von 1 l Inhalt mit kaltem Wasser auf 500 ccm, neutralisiere mit Ammoniak, füge 4 ccm konzentrierte Salzsäure und 20 ccm Natriumphosphatlösung (Nro. 19) hinzu und schüttle stark um.

Wenn der gebildete Niederschlag wieder in Lösung gegangen ist, setze man 50 ccm Natriumhyposulfitlösung (Nro. 26) und 15 ccm Essigsäure zu, halte 15 Minuten lang im Kochen und filtriere so rasch wie möglich durch ein Filter von 12 cm Durchmesser (Schl. u. Sch. Nro. 589). Man wasche mit heißem Wasser aus, trockne, glühe im Porzellantiegel und wiege das Aluminiumphosphat.

Zur Berechnung der Tonerde siehe Tabelle XVI.

---

*) Guide pratique du chimiste métallurgiste et de l'essayeur.

IV. Berechnung.

Tabelle I.
Atomgewichte der wichtigsten Elemente.

Elemente	Zeichen	Atom-gew.	Elemente	Zeichen	Atom-gew.
Aluminium	Al	27,1	Molybdän	Mo	96,0
Antimon	Sb	120,0	Natrium	Na	23,05
Arsen	As	75,0	Nickel	Ni	58,7
Baryum	Ba	137,4	Palladium	Pd	106,0
Blei	Pb	206,9	Phosphor	P	31,0
Bor	B	11,0	Platin	Pt	194,8
Brom	Br	79,96	Quecksilber	Hg	200,3
Cadmium	Cd	112,0	Sauerstoff	O	16,0
Calcium	Ca	40,0	Schwefel	S	32,06
Chlor	Cl	35,45	Selen	Se	79,1
Chrom	Cr	52,1	Silber	Ag	107,93
Eisen	Fe	56,0	Silicium	Si	28,4
Fluor	Fl	19,0	Stickstoff	N	14,04
Gold	Au	197,2	Strontium	Sr	87,6
Jod	J	126,85	Tellur	Te	127,0
Iridium	Ir	193,0	Titan	Ti	48,1
Kalium	K	39,15	Uran	U	239,5
Kobalt	Co	59,0	Vanadin	V	51,2
Kohlenstoff	C	12,0	Wasserstoff	H	1,01
Kupfer	Cu	63,6	Wismut	Bi	208,5
Lithium	Li	7,03	Wolfram	W	184,0
Magnesium	Mg	24,36	Zink	Zn	65,4
Mangan	Mn	55,0	Zinn	Sn	118,5

Tabelle II.
Berechnung des Siliciums.
(Faktor = 0,4701.)

Gewicht des gefundenen SiO$_2$	Prozente an Silicium für:		
	1 g Ferromangan u. Ferrosilicium	2 g Roheisen und Spiegeleisen	10 g Stahl
0,5	23,505	11,752	2,350
0,4	18,804	9,402	1,880
0,3	14,103	7,051	1,410
0,2	9,402	4,701	0,940
0,1	4,701	2,350	0,470
0,09	4,230	2,115	0,423
0,08	3,760	1,880	0,376
0,07	3,290	1,645	0,329
0,06	2,820	1,410	0,282
0,05	2,350	1,175	0,235
0,04	1,880	0,940	0,188
0,03	1,410	0,705	0,141
0,02	0,940	0,470	0,094
0,01	0,470	0,235	0,047
0,009	0,423	0,211	0,042
0,008	0,376	0,188	0,037
0,007	0,329	0,164	0,032
0,006	0,282	0,141	0,028
0,005	0,235	0,117	0,023
0,004	0,188	0,094	0,018
0,003	0,141	0,070	0,014
0,002	0,094	0,047	0,009
0,001	0,047	0,023	0,004

Tabelle III.
Berechnung des Schwefels (Methode Schulte-Franke).
(Faktor 0,4041.)

Gewicht des Niederschlages von CuO	Prozente Schwefel für 10 g Roheisen oder Stahl
0,5	2,020
0,4	1,616
0,3	1,212
0,2	0,808
0,1	0,404
0,09	0,363
0,08	0,323
0,07	0,282
0,06	0,242
0,05	0,202
0,04	0,161
0,03	0,121
0,02	0,080
0,01	0,040
0,009	0,036
0,008	0,032
0,007	0,028
0,006	0,024
0,005	0,020
0,004	0,016
0,003	0,012
0,002	0,008
0,001	0,004

IV. Berechnung.

Tabelle IV.

Berechnung des Phosphors.

(Titer = 0,0002729.)

Anzahl der ccm Salpetersäurelösung	Prozentgehalt an Phosphor für:					
	4 g Stahl		1 g Erz		0,25 g Roheisen	
	Niederschlag in 25 ccm NaOH gelöst	Niederschlag in 50 ccm NaOH gelöst	Niederschlag in 25 ccm NaOH gelöst	Niederschlag in 50 ccm NaOH gelöst	Niederschlag in 25 ccm NaOH gelöst	Niederschlag in 50 ccm NaOH gelöst
25	0,000	0,170	0,000	0,682	0,000	2,729
24,5	0,003	0,173	0,013	0 695	0,054	2,783
24	0.006	0,177	0,027	0,709	0,109	2,838
23,5	0,010	0,180	0,040	0,723	0,163	2,892
23	0.013	0,184	0,054	0,736	0,218	2,947
22,5	0,017	0,187	0,068	0,750	0,272	3,001
22	0,020	0,191	0,081	0,764	0,327	3,056
21,5	0,023	0,194	0,095	0,777	0,382	3,111
21	0,027	0,197	0,109	0,791	0,436	3,165
20,5	0,030	0,201	0,122	0,805	0,491	3,220
20	0,034	0,204	0,136	0,818	0,545	3,274
19,5	0.037	0,208	0,150	0,832	0,600	3,329
19	0,040	0,211	0,163	0,845	0,654	3,383
18,5	0,044	0,214	0.177	0,859	0,709	3,438
18	0,047	0,218	0,191	0,873	0,764	3,493
17,5	0,051	0.221	0,204	0,886	0,818	3,547
17	0,054	0,225	0,218	0,900	0,873	3,602
16,5	0,057	0,228	0,231	0,914	0,927	3,656
16	0,061	0,231	0,245	0,927	0,982	3,711
15,5	0,064	0.235	0,259	0,941	1,037	3,766
15	0,068	0.238	0,272	0,955	1,091	3,820
14,5	0,071	0,242	0,286	0,968	1,146	3,875

Tabelle IV. Fortsetzung.

Anzahl der ccm Salpetersäurelösung	Prozentgehalt an Phosphor für:					
	4 g Stahl		1 g Erz		0,25 g Roheisen	
	Niederschlag in 25 ccm NaOH gelöst	Niederschlag in 50 ccm NaOH gelöst	Niederschlag in 25 ccm NaOH gelöst	Niederschlag in 50 ccm NaOH gelöst	Niederschlag in 25 ccm NaOH gelöst	Niederschlag in 50 ccm NaOH gelöst
14	0,075	0,245	0,300	0,982	1,200	3,929
13,5	0,078	0,249	0,313	0,996	1,255	3,984
13	0,081	0,252	0,327	1,009	1,309	4,038
12,5	0,085	0,255	0,341	1,023	1,364	4,093
12	0,088	0,259	0,354	1,037	1,419	4,148
11,5	0,092	0,262	0,368	1,050	1,473	4,202
11	0,095	0,266	0,382	1,064	1,528	4,257
10,5	0,098	0,269	0,395	1,077	1,582	4,311
10	0,102	0,272	0,409	1,091	1,637	4,366
9,5	0,105	0,276	0,422	1,105	1,691	4,420
9	0,109	0,279	0,436	1,118	1,746	4,475
8,5	0,112	0,283	0,450	1,132	1,801	4,530
8	0,115	0,286	0,463	1,146	1,855	4,584
7,5	0,119	0,289	0,477	1,159	1,910	4,639
7	0,122	0,293	0,491	1,173	1,964	4,693
6,5	0,126	0,296	0,504	1,187	2,019	4,748
6	0,129	0,300	0,518	1,200	2,074	4,803
5,5	0,133	0,303	0,532	1,214	2,128	4,857
5	0,136	0,306	0,545	1,228	2,183	4,912
4,5	0,139	0,310	0,559	1,241	2,237	4,966
4	0,143	0,313	0,573	1,255	2,292	5,021
3,5	0 146	0,317	0,586	1,268	2,346	5,075
3	0,150	0,320	0,600	1,282	2,401	5,130
2,5	0,153	0,324	0,614	1,296	2,456	5,185
2	0,156	0,327	0,627	1,309	2,510	5,239
1,5	0,160	0,330	0,641	1,323	2,565	5,294
1	0,163	0,334	0,654	1,337	2,619	5,348
0,5	0,167	0,337	0,668	1,350	2,674	5,403

Tabelle V.

Berechnung des Mangans (Methode Schneider).

(Titer = 0,001027.)

Anzahl der ccm Wasserstoffsuperoxydlösung	Prozentgehalt an Mangan für 1 g Stahl
10	1,027
9	0,924
8	0,821
7	0,718
6	0,616
5	0,513
4	0,410
3	0,308
2	0,205
1	0,102
0,9	0,092
0,8	0,082
0,7	0,071
0,6	0,061
0,5	0,051
0,4	0,041
0,3	0,030
0.2	0,020
0,1	0,010

Tabelle VI.
Berechnung des Mangans.
(Methode Volhard-Wolff und Methode „Rote Erde".)
(Titer = 0.00307.)

Anzahl der ccm Chamäleonlösung	Prozentgehalt an Mangan für			
	2 g Stahl und Eisenerz	1 g Roheisen u. Hochofenschlacke	0,5 g Spiegeleisen	0,2 g Ferromangan und Manganerz
60	—	—	—	92,100
50	—	—	—	76,750
40	6,140	—	24,560	61,400
30	4,605	—	18,420	46,050
20	3,070	—	12,280	30,700
10	1,535	3,070	6,140	15,350
9	1,381	2,763	5,526	13,815
8	1,228	2,456	4,912	12,280
7	1,074	2,149	4,298	10,745
6	0,921	1,842	3,684	9,210
5	0,767	1,535	3,070	7,675
4	0,614	1,228	2,456	6,140
3	0,460	0,921	1,842	4,605
2	0.307	0,614	1,228	3,070
1	0,153	0,307	0,614	1,535
0,9	0,138	0,276	0,552	1,381
0,8	0,122	0,245	0,491	1,228
0,7	0,107	0,214	0,429	1,074
0,6	0,092	0,184	0,368	0,921
0,5	0,076	0,153	0,307	0,767
0,4	0,061	0,122	0,245	0,614
0,3	0,046	0,092	0,184	0,460
0.2	0,030	0,061	0,122	0,307
0,1	0,015	0,030	0,061	0,153

Tabelle VII.

Berechnung des Kalks.

(Titer = 0.005.)

Anzahl der ccm Chamäleon-lösung	Prozentgehalt an Kalk für	
	0,5 g Eisenerz	0,2 g Hochofenschlacke, Kalk und Dolomit
50	50,00	—
40	40,00	—
30	30,00	75,00
20	20,00	50,00
10	10,00	25.00
9	9,00	22,50
8	8,00	20,00
7	7,00	17,50
6	6,00	15,00
5	5,00	12,50
4	4,00	10,00
3	3,00	7,50
2	2,00	5,00
1	1,00	2,50
0,9	0,90	2,25
0,8	0,80	2,00
0,7	0,70	1,75
0,6	0,60	1,50
0,5	0,50	1,25
0,4	0,40	1,00
0,3	0,30	0,75
0,2	0,20	0,50
0,1	0,10	0,25

Tabelle VIII.
Berechnung des Eisens.
(Titer = 0.01.)

Anzahl der ccm Chamäleonlösung	Prozentgehalt an Eisen für		
	2 g Ferromangan	1 g Manganerz und Hochofenschlacke	0,5 g Eisenerz
50	25,00	50.00	—
40	20,00	40 00	—
30	15,00	30.00	60.00
20	10,00	20,00	40,00
10	5,00	10,00	20,00
9	4,50	9,00	18,00
8	4,00	8,00	16,00
7	3.50	7.00	14,00
6	3,00	6,00	12,00
5	2,50	5,00	10,00
4	2,00	4,00	8,00
3	1,50	3,00	6,00
2	1,00	2,00	4,00
1	0,50	1,00	2,00
0,9	0,45	0,90	1,80
0,8	0,40	0,80	1,60
0,7	0,35	0,70	1,40
0,6	0,30	0,60	1,20
0,5	0,25	0,50	1,00
0,4	0,20	0,40	0,80
0,3	0,15	0,30	0,60
0,2	0,10	0,20	0,40
0,1	0,05	0,10	0,20

Tabelle IX, X und XI.

Umrechnung von Fe zu Fe_2O_3, Mn zu Mn_3O_4, P zu P_2O_5.

(Faktoren: 1,428, 1,387, 2,290.)

Zahl des umzurechnenden Fe, Mn, P.	IX Fe_2O_3	X Mn_3O_4	XI P_2O_5
70	—	97,150	—
60	85,716	83,272	—
50	71,430	69,393	—
40	57,144	55,514	91,612
30	42,858	41,636	68,709
20	28,572	27,757	45,806
10	14,286	13,878	22,903
9	12,857	12,490	20,612
8	11,428	11,102	18,322
7	10,000	9,715	16,032
6	8,571	8,327	13,741
5	7,143	6,939	11,451
4	5,714	5,551	9,161
3	4,285	4,163	6,870
2	2,857	2,775	4,580
1	1,428	1,387	2,290

Tabelle IX, X und XI. Fortsetzung.

Zahl des umzurechnenden Fe, Mn, P.	IX F_2O_3	X Mn_3O_4	XI P_2O_5
0,9	1,285	1,249	2,061
0,8	1,142	1,110	1,832
0,7	1,000	0,971	1,603
0,6	0,857	0,832	1,374
0,5	0,714	0,693	1,145
0,4	0,571	0,555	0,916
0,3	0,428	0,416	0,687
0,2	0,285	0,277	0,458
0,1	0,142	0,138	0,229
0,09	0,128	0,124	0,206
0,08	0,114	0,111	0,183
0,07	0,100	0,097	0,160
0,06	0,085	0,083	0,137
0,05	0,071	0,069	0,114
0,04	0,057	0,055	0,091
0,03	0,042	0,041	0,068
0,02	0,028	0,027	0,045
0,01	0,014	0,013	0,022
0,009	0,012	0,012	0,020
0,008	0,011	0,011	0,018
0,007	0,010	0,009	0,016
0,006	0,008	0,008	0,013
0,005	0,007	0,006	0,011
0,004	0,005	0,005	0,009
0,003	0,004	0,004	0,006
0,002	0,002	0,002	0,004
0,001	0,001	0,001	0,002

Tabelle XII.
Berechnung der Magnesia.
(Faktor 0,3624).

Gewicht des Niederschlags von $Mg_2P_2O_7$	Prozentgehalt an MgO für:	
	0,4 g Kalk oder Dolomit	0,5 g Erz oder Hochofenschlacke
0,6	54,363	—
0,5	45,302	—
0,4	36,242	—
0,3	27,181	—
0,2	18,121	—
0,1	9,060	7,248
0,09	8,154	6,523
0,08	7,248	5,798
0,07	6,342	5,073
0,06	5,436	4,348
0,05	4,530	3,624
0,04	3,624	2,899
0,03	2,718	2,174
0,02	1,812	1,449
0,01	0,906	0,724
0,009	0,815	0,652
0,008	0,724	0,579
0,007	0,634	0,507
0,006	0,543	0,434
0,005	0,453	0,362
0,004	0,362	0,289
0,003	0,271	0,217
0,002	0.181	0,144
0,001	0,090	0,072

Tabelle XIII.
Berechnung des Schwefels
(Methode Eschka und Methode Ledebur).
(Faktor = 0,1373.)

Gewicht des Niederschlags von BaSO$_4$	Prozente an Schwefel für	
	1 g Brennmaterialien	2,4 g Eisen- und Manganerz
0,5	—	2,861
0,4	5,492	2,288
0,3	4,119	1,716
0,2	2,746	1,144
0,1	1,373	0,572
0,09	1,235	0,514
0,08	1,098	0,457
0,07	0,961	0,400
0,06	0,823	0,343
0,05	0,686	0,286
0,04	0,549	0,228
0,03	0,411	0,171
0,02	0,274	0,114
0,01	0,137	0,057
0,009	0,123	0,051
0,008	0,109	0,045
0,007	0,096	0,040
0,006	0,082	0,034
0,005	0,068	0,028
0,004	0,054	0,022
0,003	0,041	0,017
0,002	0,027	0,011
0,001	0,013	0,005

Tabelle XIV.
Berechnung der Phosphorsäure der Thomasschlacken.
(Faktor = 0,6396.)

Gewicht des Niederschlages von $Mg_2P_2O_7$.	Prozente an Phosphorsäure für	
	1 g (Gesamtsäure)	0,5 g (Zitronensäurelösliche)
0,3	19,188	—
0,2	12,792	—
0,1	6,396	12,792
0,09	5,756	11,512
0,08	5,116	10,233
0,07	4,477	8,954
0,06	3,837	7,675
0,05	3,198	6,396
0,04	2,558	5,116
0,03	1,918	3,837
0,02	1,279	2,558
0,01	0,639	1,279
0,009	0,575	1,151
0,008	0,511	1,023
0,007	0,447	0,895
0,006	0,383	0,767
0,005	0,319	0,639
0,004	0,255	0.511
0,003	0,191	0,383
0,002	0,127	0,255
0,001	0,063	0,127

Tabelle XV.
Berechnung des Kohlenstoffs (Methode Särnström).
(Faktor = 0,2727.)

Gewicht der von der Kalilauge absorbierten CO_2	Prozente an Kohlenstoff für	
	1,5 g Roheisen	3 g Stahl
0,3	5,454	—
0,2	3,636	1,818
0,1	1,818	0,909
0,09	1,636	0,818
0,08	1,454	0,727
0,07	1,272	0,636
0,06	1,090	0,545
0,05	0,909	0,454
0,04	0,727	0,363
0 03	0,545	0,272
0,02	0,363	0,181
0,01	0,181	0,090
0,009	0,163	0,081
0,008	0,145	0,072
0,007	0,127	0,063
0,006	0,109	0,054
0,005	0,090	0,045
0,004	0,072	0,036
0,003	0,054	0,027
0,002	0,036	0,018
0,001	0,018	0,009

Tabelle XVI.

Berechnung der Tonerde nach dem Gewicht des Aluminiumphosphats.

(Faktor = 0,41847.)

Gewicht des AlPO$_4$	Prozente an Al$_2$O$_3$ für	
	1 g	½ g
0,5	20,923	10,461
0,4	16,738	8,369
0,3	12,554	6,277
0,2	8,369	4,184
0,1	4,184	2,092
0,09	3,765	1,882
0,08	3,347	1,673
0,07	2,928	1,464
0,06	2,510	1,255
0,05	2,092	1,046
0,04	1,673	0,836
0,03	1,255	0,627
0,02	0,836	0,418
0,01	0,418	0,209
0,009	0,376	0,188
0,008	0,334	0,167
0,007	0,292	0,146
0,006	0,251	0,125
0,005	0,209	0,104
0,004	0,167	0,083
0,003	0,125	0,062
0,002	0,083	0,041
0,001	0,041	0,020

Tabelle XVII und XVIII.

Umrechnungen von Fe und Mn zu FeO und MnO.

(Faktoren = 1,285 und 1.290.)

Zahl des umzurechnenden Fe und Mn.	FeO	MnO
70	90,009	90,369
60	77,150	77,459
50	64.292	64,549
40	51,433	51,639
30	38,574	38,729
20	25,715	25,819
10	12,857	12,909
9	11,572	11,618
8	10,287	10,327
7	9,000	9,036
6	7,715	7,745
5	6,429	6,454
4	5,143	5,163
3	3,857	3,872
2	2,571	2,581
1	1,285	1,290
0,9	1,157	1,161
0,8	1,028	1,032
0,7	0,900	0,903
0,6	0,771	0,774
0,5	0,642	0,645
0,4	0,514	0,516
0,3	0,385	0,387
0,2	0,257	0,258
0,1	0,128	0,129

Tabelle XVII und XVIII. Fortsetzung.

Zahl des umzurechnenden Fe und Mn	FeO	MnO
0,09	0,115	0,116
0,08	0,102	0,103
0,07	0,090	0,090
0,06	0,077	0,077
0,05	0,064	0,064
0,04	0,051	0,051
0,03	0,038	0,038
0,02	0,025	0,025
0,01	0,012	0,012
0,009	0,011	0,011
0,008	0,010	0,010
0,007	0,009	0,009
0,006	0,007	0,007
0,005	0,006	0,006
0,004	0,005	0,005
0,003	0,003	0,003
0,002	0,002	0,002
0,001	0,001	0,001

V. Anhang.

I. Einteilung der Eisenerze.

			Name	Theoretischer Prozentgehalt
A Oxyde von der Formel: Fe_2O_3		kristallinisch	Eisenglanz / Eisenglimmer	70,00 % Fe
		amorph	Roteisenstein / Roter Glaskopf	
	Hydrate von der Formel: $2 Fe_2O_3 \cdot 3 H_2O$		BraunerGlaskopf / Brauneisenstein / Hydroxyd / Oolithisches Erz (Minette) / Rasenerz / Bohnerz	59,80 % Fe / 14,50 % H_2O
B Magneteisenerze von der Formel: Fe_3O_4			Eisenoxyduloxyd / Magneteisenstein / Magnetit / Schwarzeisenstein / Oktraëdrisches Eisen	72,40 % Fe
C Karbonate von der Formel: $FeO \cdot CO_2$		krystallinisch	Sphärosiderit / Spateisenstein / Stahlstein	48,30 % Fe
		amorph	Kohleneisenstein (Blackbands) / Toniger Sphärosiderit	

2. Einteilung der Manganerze.

	Name	Formel	Theoretischer Prozentgehalt
Oxydulverbindungen von der Formel: MnO	Rhodonit	$MnO \cdot SiO_2$	42 % Mn, 45,8 % SiO_2
	Dialogit	$MnO \cdot CO_2$	47,8 % Mn
	Rhodochrosit	$MnO \cdot CO_2 +$ $CaO \cdot CO_2$	
Oxyde von der Formel: Mn_2O_3	Braunit	Mn_2O_3	70,6 % Mn
	Manganit	$Mn_2O_3 \cdot H_2O$	62,5 % Mn
Peroxyde von der Formel: MnO_2	Pyrolusit (Braunstein)	MnO_2	63,3 % Mn
	Psilomelan (Hartmanganerz)	$MnO_2 + BaO$	
Oxyduloxyde von d. Formel: Mn_3O_4	Hausmannit	Mn_3O_4	72,1 % Mn

3. Einteilung der kalk- und magnesiahaltigen Gesteine.

Name	Formel	Theoretischer Prozentgehalt
Kalkstein	$CaO \cdot CO_2$	56 % CaO
Dolomit	$CaO \cdot MgO \cdot 2CO_2$	30,7 % CaO, 21,80 % MgO
Magnesit	$MgO \cdot CO_2$	47,87 % MgO

4. Einteilung der Steinkohlen (nach Ledebur).

Name	Koksausbeute	Flüchtige Bestandteile	Chemische Zusammensetzung		
			C	H	O+N
Langflammige Kohle ...	55	45	77,5	5,5	17,0
Langflammige Backkohle (Gaskohle) ..	65	35	82,0	5,5	12,5
Gewöhnliche Backkohle .	70	30	86,5	5,0	8,5
Kurzflammige Backkohle (Kokskohle) ..	78	22	89,5	4,5	6,0
Anthracitische Kohle ...	85	15	92,0	3,0	5,0
Anthracit	92	8	94,0	2,0	4,0

V. Anhang.

Beziehungen zwischen Beaumé-Graden und spezifischen Gewichten von Flüssigkeiten, die schwerer sind als Wasser.

Grade Beaumé	Spezifisches Gewicht	Grade Beaumé	Spezifisches Gewicht	Grade Beaumé	Spezifisches Gewicht
0	1,000	25	1,2095	50	1,5301
1	1,0069	26	1,2198	51	1,5466
2	1,0140	27	1,2301	52	1,5633
3	1,0212	28	1,2407	53	1,5804
4	1,0285	29	1,2515	54	1,5978
5	1,0358	30	1,2624	55	1,6158
6	1,0434	31	1,2736	56	1,6342
7	1,0509	32	1,2849	57	1,6529
8	1.0587	33	1,2965	58	1,6720
9	1,0665	34	1,3082	59	1,6916
10	1,0744	35	1,3202	60	1,7116
11	1,0825	36	1,3324	61	1,7322
12	1,0907	37	1,3447	62	1,7532
13	1,0990	38	1,3574	63	1,7748
14	1,1074	39	1,3703	64	1,7969
15	1,1160	40	1,3834	65	1,8195
16	1,1247	41	1,3968	66	1,8428
17	1,1335	42	1,4105	67	1,8667
18	1.1425	43	1,4244	68	1,8912
19	1,1516	44	1,4386	69	1,9163
20	1,1608	45	1,4531	70	1,9421
21	1,1706	46	1,4678	71	1,9686
22	1,1798	47	1,4828	72	1,9959
23	1,1896	48	1,4984		
24	1,1994	49	1,5181		

Wencélius.

Beziehungen zwischen Beaumé-Graden und spezifischen Gewichten von Flüssigkeiten, die leichter sind als Wasser.

Grade Beaumé	Spezifisches Gewicht	Grade Beaumé	Spezifisches Gewicht
10	1,000	30	0,879
11	0,993	31	0,874
12	0,987	32	0,868
13	0,979	33	0,863
14	0,973	34	0,857
15	0,967	35	0,854
16	0,962	36	0.848
17	0,954	37	0,842
18	0,948	38	0,838
19	0,941	39	0,832
20	0,936	40	0,826
21	0,930	41	0,822
22	0,924	42	0,818
23	0,918	43	0,814
24	0,911	44	0,810
25	0,906	45	0,805
26	0,899	46	0,800
27	0,893	47	0,795
28	0,888	48	0,791
29	0,884		

VI. Ergänzungen.

Da die Nutzbarmachung der Hochofen- und Generatorgase in den modernen Hüttenbetrieben mehr und mehr zunimmt, habe ich den in diesem Buche enthaltenen analytischen Methoden die Beschreibung einfacher Verfahren zur Bestimmung des Staub- und Feuchtigkeitsgehalts von Hochofengasen, sowie die ausführliche Beschreibung einer vollständigen Analyse der Hochofen- und Generatorgase hinzugefügt.

Diese Bestimmungen sind in Hütten, welche mit Gasmotoren arbeiten, zur Kontrolle des Ganges dieser Apparate und zur Berechnung der Wärmekapazität unerläßlich.

A. Bestimmung von Staub und Feuchtigkeit in Hochofengasen.*)

Der Staubgehalt der Gase ist sehr verschieden, je nach der Stelle, wo die Probe entnommen wird, und je nach der gebräuchlichen Gasreinigung. Findet man an der Hochofengicht 15 oder mehr Gramm Staub pro Kubikmeter Gas, so kann man nach rationeller Reinigung nur Spuren davon nachweisen.

Die Menge des in einem Gase enthaltenen Staubs wird immer in Grammen pro Kubikmeter Gas ausgedrückt.

Je nach dem vermutlichen Gehalt nimmt man 100 oder 1000 l Gas zur Untersuchung.

---

*) Die Beschreibung des in Fig. 9 und 10 abgebildeten Apparats, welcher auf den Cockerillschen Hüttenwerken zu Seraing in Gebrauch ist, verdanke ich Herrn Ghilain, dem Chef-Chemiker jener Hütte.

Der hierzu erforderliche Apparat wird durch Fig. 9 und 10 veranschaulicht.

Man führt in den Gasfang an der Stelle, wo die Probe entnommen werden soll, ein Kupferrohr von 1 cm lichter Weite ein, dessen eines Ende in der Richtung des Gasstromes umgebogen ist. Wenn die Temperatur es gestattet, läßt sich das Kupferrohr durch ein Glasrohr ersetzen. Das Rohr wird in die Wand der Gasleitung durch einen Kautschukpfropfen eingesetzt oder dicht eingekittet.

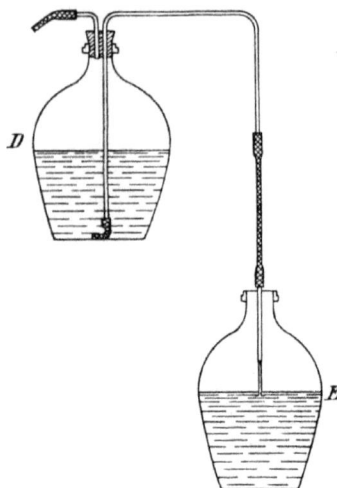

Zum Einsaugen des gewünschten Volumens Gas bedient man sich zweier starkwandigen Flaschen (Fig. 9, D u. E), von denen die eine ein genau abgemessenes Volumen Wasser — beispielsweise 50 l — enthält. Wie aus der Einrichtung und Stellung dieser Flaschen ersichtlich ist, wirken sie als Saugflaschen; wenn die obere Flasche sich entleert hat, ersetzt man sie durch die untere jetzt gefüllte u. s. f., sodaß bei jedesmaligem Flaschenwechsel 50 l Gas durch den Apparat geströmt sind.

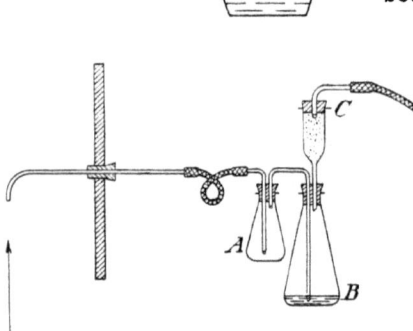

Fig. 9 u. 10. Apparat zur Bestimmung von Gasstaub.

VI. Ergänzungen.

Zum Auffangen des Staubes dient der in Fig. 10 abgebildete Apparat, welcher einerseits mit dem Gasentnahmerohr, anderseits mit der Saugflasche (D) verbunden ist. Die Flasche A faßt ca. 250 ccm, B ca. 500 ccm.

Wenn das einzusaugende Gas sehr trocken ist, bringt man in das Gefäß A etwas destilliertes Wasser, welches das Gas passieren muß; hat man dagegen ein sehr feuchtes Gas zu untersuchen, so ist dies unnötig, da sich ein Teil der mitgerissenen Feuchtigkeit in der Flasche A ansammelt.

In das Gefäß B bringt man in allen Fällen etwas Waschwasser. Ein großer Teil des mitgeführten Staubs wird sich hier absetzen, während der noch im Gase enthaltene Rest schließlich in der Röhre C, welche Watte zwischen zwei Pfropfen von Glaswolle enthält, aufgefangen wird. Damit die Glaswolle die beiden Röhren nicht verstopft, sind vor diesen zwei kleine Messing-Drahtnetze angebracht. Die drei Kautschukstopfen des Apparats müssen natürlich luftdicht schließen.

Am Kautschukschlauch, welcher den Apparat mit dem Kupferrohr verbindet, ist zur Regelung des Gasstromes ein Quetschhahn angebracht, welcher im Augenblick des Umwechselns der Saugflaschen zu schließen ist.

Vor Beginn der Operation wird das Rohr C mit seinem Inhalt im Trockenschrank bei 100° bis zur Gewichtskonstanz getrocknet, und das Gewicht schließlich notiert. Nachdem das erforderliche Volumen Gas durch den Apparat geströmt ist, wird das Rohr C von neuem bis zur Gewichtskonstanz getrocknet. Die Differenz beider Wägungen entspricht dem Gewicht eines Teils des Gasstaubs, während der andere Teil in der Flüssigkeit der Flaschen A und B enthalten ist.

Man vereinigt diese beiden Flüssigkeiten und die Waschwässer in einer Platinschale von 100 mm Durchmesser, welche vorher bei 100° getrocknet und genau gewogen worden war, verdampft auf dem Dampfbad zur Trockne und trocknet die Schale mit ihrem Inhalt im Trockenschrank bei 100° bis zur Gewichtskonstanz. Die Differenz beider

Wägungen entspricht dem Gewicht des durch das Wasser zurückgehaltenen Staubes. Addiert man zu diesem Gewicht das früher gefundene Gewicht des Staubes in der Röhre C, so findet man die Menge Staub, welche in dem durch den Apparat gesaugten Volumen Gas enthalten war.

Vor den Wägungen reibe man sorgfältig das Gefäß C und die beiden kleinen Flaschen ab, damit nicht gleichzeitig äußerer Staub mitgewogen wird. Es ist außerdem zweckmäßig, diese feineren Teile des Apparates in einem besonderen Holzkasten anzubringen, wo sie vor Staub geschützt sind, weil die Analyse an Stellen der Hütte ausgeführt werden muß, welche der größten Zugluft ausgesetzt sind.

In Figur 9 sind die beiden großen Saugflaschen natürlich in einem kleineren Maßstab als die anderen Gefäße in Fig. 10 gezeichnet.

Hat man gleichzeitig mit der Staubbestimmung die mitgerissene Feuchtigkeit festzustellen, so läßt sich derselbe Apparat verwenden. In diesem Falle wiegt man die Gefäße A und B vor und nach dem Gasdurchgang, natürlich ohne Wasser in sie zu bringen. Die Röhre C wird ebenfalls vor dem Trocknen gewogen, und die Verdampfung der Flüssigkeiten in A und B geschieht direkt in diesen Gefäßen, welche zweimal, zur Bestimmung der Feuchtigkeit und des Staubs, gewogen werden.

Zur Absorbierung der letzten Spuren Feuchtigkeit schaltet man hinter der Röhre C eine mit 60—80 ccm konzentrierter Schwefelsäure beschickte Waschflasche und zwei mit trockenem Chlorcalcium*) gefüllte U-Röhren ein. Das erste U-Rohr dient zur Aufnahme der aus der Schwefelsäure mitgerissenen Feuchtigkeit, es wird also vor und nach der Operation, ebenso wie die Waschflasche, gewogen. Das zweite U-Rohr verhindert nur, daß Feuchtigkeit aus der Saugflasche in das erstere U-Rohr gelangt, wird also nicht gewogen.

---

*) Vor der erstmaligen Benutzung leite man einen Strom von trockener Kohlensäure durch die gefüllten U-Röhren.

Da die verschiedenen Teile des Apparates vor und nach diesen Operationen wiederholt gewogen werden müssen, ist es einleuchtend, daß man viele Fehlerquellen zu vermeiden hat und genau wiegen muß, um zuverlässige Resultate zu erhalten. Übrigens sind die Feuchtigkeitsbestimmungen von geringerer praktischer Wichtigkeit als diejenigen des Staubgehaltes und daher hier nur der Vollständigkeit wegen angeführt.

B. Analyse der Hochofen- und Generatorgase.*)

a) **Prinzip.** — Die zu analysierenden in Frage kommenden Gase bestehen hauptsächlich aus folgenden Körpern:
1. Stickstoff (aus der Luft),
2. Sauerstoff (desgl.),
3. Kohlensäure (Produkt vollständiger Verbrennung),
4. Kohlenoxyd (Produkt unvollständiger Verbrennung),
5. Wasserstoff,
6. Methan (CH_4).

Die letzten drei Gase bilden bekanntlich denjenigen Teil des Gemenges, welcher beim Verbrennen Wärme erzeugt, ihre genaue Bestimmung ist folglich zur Berechnung der Wärmekapazität erforderlich.

---

*) Siehe „Revue générale de Chimie" Nro. 9 vom 5. Mai 1901 und Nro. 1 vom 12. Januar 1902 Notes pratiques etc. par A. Wencélius und „Stahl und Eisen" 1902 Nro. 9 und Nro. 12 von dems. Verf.

VI. Ergänzungen.

Namen	Formel	Gewicht von 1 l Gas in Grammen	Anzahl der von 1 Vol. H_2O absorbierten Vol.	Verbrennungswärme in Kalorien pro Gramm	Anzahl der Vol. O, welche 1 Vol. Gas zur Verbrennung gebraucht	Anzahl der Vol. CO_2, welche bei der Verbrennung von 1 Vol. Gas entstehen	Anzahl der Vol. Wasserdampf, welche bei der Verbrennung von 1 Vol. Gas entstehen	Die Kontraktion nach der Verbrennung ist gleich dem ursprünglichen Gasvolumen multipliziert mit:
Wasserstoff	H	0,089	0,019	34,180	$1/2$	—	1	$3/2$
Methan, Grubengas, Sumpfgas	CH_4	0,715	0,034	13,345	2	1	2	2
Kohlenoxyd	CO	1,251	0,023	2,441	$1/2$	1	—	$1/2$
Stickstoff	N	1,255	0,014	—	—	—	—	—
Luft*)	—	1,293	0,017	—	—	—	—	—
Sauerstoff	O	1,430	0,028	—	—	—	—	—
Kohlendioxyd (Kohlensäureanhydrid)	CO_2	1,966	0,901	—	—	—	—	—

*) Zusammensetzung der Luft: 78,4 Vol. N, 21,0 Vol. O, 0,6 Vol. Argon.

VI. Ergänzungen.

Auf der nebenstehenden Tabelle sind die Eigenschaften dieser Gase und der zu ihrer Verbrennung erforderlichen Luft übersichtlich zusammengestellt.

Die Kohlensäure wird durch eine Lösung von Ätzkali absorbiert. Man kann die Lösung Nro. 25 benutzen, welche auf 45 Volumteile mit 55 Volumteilen Wasser zu verdünnen ist. Ein ccm dieser Lösung absorbiert dann ungefähr 40 ccm CO_2.

Der Sauerstoff wird durch in Wasser enthaltenen Phosphor absorbiert. Man verwendet Phosphorfäden von 2—3 mm Dicke. Durch Berührung mit einem sauerstoffhaltigen Gas bildet sich Phosphorsäure, welche im Wasser löslich ist. Man muß daher dieses von Zeit zu Zeit teilweise erneuern.

Das Kohlenoxyd wird — jedoch nur teilweise — durch ammoniakalische Kupferchlorürlösung[*]) (nach Hempel) absorbiert.

Nach der Absorption dieser drei Gase bleiben in dem Gasgemenge noch ein Rest an Kohlenoxyd, sämtlicher Wasserstoff, sämtliches Methan und sämtlicher Stickstoff übrig. Man mischt nun das Gas mit einem genau gemessenen Volumen Luft und verbrennt es in einem Platinrohr. Nach der Verbrennung mißt man die Kontraktion, absorbiert die gebildete Kohlensäure wie oben und bestimmt den Verlust an Sauerstoff durch Absorption des übrig gebliebenen Gases.

Der schließlich vorhandene Rest besteht aus dem Stickstoff des Gases und der eingeführten Luft.

b) **Probennahme.** — Man bewerkstelligt sie sehr leicht mit Hilfe des bei Campredon angegebenen Apparates, (Fig. 11) ersetzt jedoch die Hähne desselben durch Mohrsche Quetschhähne und verwendet mit Kochsalz gesättigtes Wasser, weil reines Wasser eine große Menge Kohlensäure absorbiert.

---

[*]) Diese Lösung ist bei E. Merck, Darmstadt, erhältlich.

Man kann auch den Winklerschen Apparat (Fig. 12) benutzen, welcher aus einem weiten Glasrohr besteht, dessen beide verengten Enden mit Kautschukschläuchen und Quetschhähnen oder mit Glashähnen versehen sind.

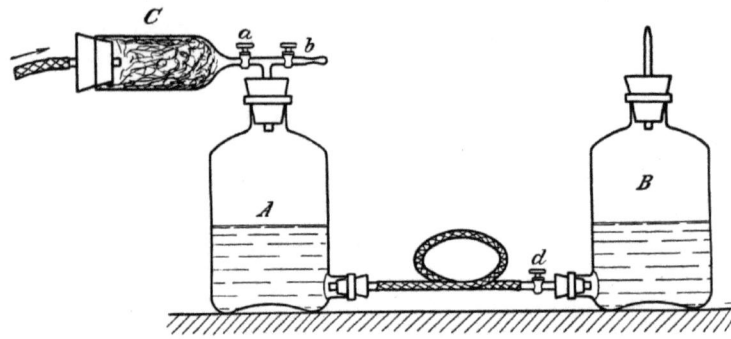

Fig. 11. Apparat nach Campredon zur Gasentnahme.*)

Man verbindet das eine Ende der Röhre mit dem Gasleitungsrohr und saugt die in der Röhre enthaltene Luft am andern Ende durch eine Kautschuksaugpumpe ab. Wenn das Gas unter Druck steht, genügt es, beide Quetsch-

Fig. 12. Apparat nach Winkler zur Gasentnahme.

hähne zu öffnen, worauf dasselbe in die Röhre eintritt. Ist diese durch den Gasstrom gänzlich von Luft befreit, so schließt man an beiden Enden und hat so den Gebrauch von Wasser zur Probennahme vermieden. — Selbstverständlich können diese Röhren auch mit Wasser gefüllt verwandt werden.

---

*) Filtrierrohr ca. $1/_3$ natürl. Größe, der übrige Apparat $1/_{10}$ natürl. Größe.

VI. Ergänzungen.

c) — **Beschreibung und Gebrauchsanweisung des Apparates für die Gasanalyse.** — Die Konstruktion des in Figur 13 schematisch abgebildeten Apparats ähnelt derjenigen des Orsat-Apparats. An Stelle einer graduierten Bürette sind jedoch deren zwei vorhanden, die eine für Ablesungen von 0—50, die andere für Ablesungen von 50—100. Die Nullpunkte befinden sich am unteren, die 100 Punkte am oberen Ende der Röhren. Die Teilung gibt $1/5$ ccm an.

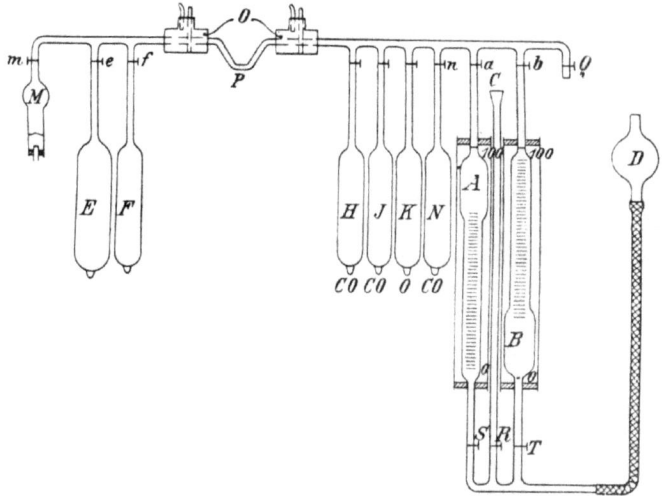

Fig. 13. Schematische Ansicht des Apparats für die Gasanalyse.

Zwischen den beiden Büretten A und B ist ein Manometerrohr zur Erleichterung der Ablesungen angebracht.

Das Gefäß N dient zur Absorption der Kohlensäure durch Kalilauge, K enthält Wasser und Phosphorfäden zur Absorption des Sauerstoffs, H und I enthalten ammoniakalisches Kupferchlorür und Kupferfäden zur Absorption von Kohlenoxyd. In einem dieser letzteren Gefäße ist eine frischere Lösung als in dem anderen enthalten, so daß durch den abwechselnden Gebrauch beider mehr Kohlenoxyd absorbiert wird.

Das an einem Messingstativ verschiebbare Reservoir D kann leicht aus der zu seiner Unterstützung dienenden Klammer herausgenommen werden. Dasselbe ist, ebenso wie die drei durch Kautschukschlauch mit ihm in Verbindung stehenden Röhren, mit Kochsalzlösung oder mit leicht durch Schwefelsäure angesäuertem Wasser, das möglichst wenig erneuert wird, gefüllt.

Die Platinröhre P ist an zwei kupferne Kühler O angelötet, in denen ein konstanter Strom kalten Wassers vollständige Abkühlung der Gase bewirkt. Zwei metallene Wasserbehälter von ungefähr 600 ccm Inhalt mit unterem Ansatzrohr sind mit diesen Kühlern verbunden, ebenso zwei tiefer stehende, zur Aufnahme des aus den Kühlern fließenden warmen Wassers dienende Behälter aus Metall von gleichem Volumen. Die verbindenden Kautschukschläuche sind zur Regulierung des Wasserzuflusses mit Quetschhähnen versehen.

Die Platinröhre hat, wie die Drehschmidtsche, 0,7 mm lichte Weite und zur Vergrößerung der Heizfläche U-Form erhalten.

Gefäß F enthält Salzwasser und dient zur Aufnahme der aus dem Verbrennungsrohr kommenden Gase.

Das Gefäß E, von größerem Umfang als die früheren, ist mit gewöhnlichem Wasser gefüllt und dient als Stickstoffbehälter. Nachdem die Gase von allen direkt oder nach vorgängiger Verbrennung absorbierbaren Bestandteilen befreit sind, wird der ausschließlich aus Sauerstoff bestehende Rest zur späteren Verwendung in das Gefäß E geleitet.

Die zur Zurückhaltung von Staub mit Glaswolle gefüllte Röhre M dient zur Einleitung des zu analysierenden Gases in den Apparat.

Bei Q ist eine Saugbirne aus Kautschuk angebracht. Vor dem Gebrauch müssen alle Hähne geschlossen sein; das Reservoir D steht auf seiner höchsten Stelle, die Gefäße F, H, I, K und N sind bis zu einer an den Kapillar-

VI. Ergänzungen.

röhren befindlichen Marke mit Flüssigkeit, und die graduierten Meßbüretten mit Wasser bis zum Punkt 100 gefüllt. Der Apparat muß außerdem absolut frei von Sauerstoff und absorbierbaren und verbrennlichen Gasen sein. Die Rohrverbindungen zwischen den einzelnen Gefäßen sind mit Stickstoff[*)] aus Gefäß E gefüllt, welches immer eine genügende Menge dieses Gases zur Reserve enthält. Das zu analysierende Gas sei in irgend einem Gefäße enthalten.

Die Handhabung des Apparats geschieht in folgender Weise: Man bringt das Reservoir D in seine niedrigste Stellung und öffnet die Hähne m und Q. Um den Stickstoff aus dem Kapillarrohr zu treiben und ihn durch äußere Luft zu ersetzen, drückt man mehrere Male auf die Kautschukbirne, schließt Q, öffnet T, dann b, worauf sich die Bürette B mit Luft füllen wird. Hierauf wird das Luftniveau bis zum Nullpunkt und auf atmosphärischen Druck gebracht. Dazu öffnet man R und hebt das Reservoir D so lange, bis das Niveau des Wassers in der Röhre C gleich dem Niveau des Wassers der Bürette ist, welches auf dem Nullpunkt stehen muß. Alsdann werden R, T und b geschlossen.

Nun verbindet man das die Gasprobe enthaltende Reservoir durch einen Kautschukschlauch mit dem Ende der Röhre M und öffnet Q. Durch mehrmaliges Drücken auf die Saugbirne läßt man sodann durch die Kapillarröhre einen starken Gasstrom streichen, welcher die Luft vertreibt. Hierauf wird Q geschlossen und S und a geöffnet, während das Reservoir D immer unten steht. Man läßt nun das Gas bis unter den Nullpunkt eintreten, schließt S, dann m und entfernt den Schlauch, welcher M mit dem Gasbehälter verband. Hierauf öffnet man S, bringt das Gasniveau durch Druck mittels einer Bewegung mit dem

---

[*)] In Wirklichkeit Stickstoff und Argon; da letzteres aber eben so indifferent wie der Stickstoff ist, braucht es nicht weiter berücksichtigt zu werden.

Reservoir D auf den Nullpunkt und schließt S wieder. Um atmosphärischen Druck herzustellen, wird noch einige Sekunden der Hahn m geöffnet, und man überzeugt sich dann durch Öffnen von S und R, ob das Gas wirklich unter äußerem Druck steht. Ist dies der Fall, so müssen die Niveaus ganz gleich sein, wenn man D bewegt und das Gas der Bürette auf den Nullpunkt bringt. Man schließt nun R, S und a, öffnet e und dann Q, bringt mittels der Saugpumpe Stickstoff in das Glasrohr und schließt darauf e und dann Q.

In der Bürette A befinden sich nun genau 100 Volumina Gas, in der Bürette B 100 Volumina Luft und in allen anderen nicht mit Flüssigkeiten gefüllten Teilen des Apparats Stickstoff. Von jetzt an werden die Hähne m und Q erst am Ende der Analyse wieder geöffnet, d. h. es tritt in den Apparat weder Gas ein noch aus.

Man schreitet nun zur Absorption und bestimmt zunächst den Gehalt an Kohlensäure. Zu diesem Zweck wird D wieder auf seinen höchsten Punkt gebracht, S und a und dann n geöffnet. Wenn alles Gas in dem Gefäß N enthalten ist, d. h. wenn das Wasser in der Bürette A bis zum Teilstrich 100 gestiegen ist, wird n geschlossen. Nach fünf Minuten stellt man D wieder tief und öffnet bei n, worauf man wieder schließt, wenn die Kalilauge bis zur Marke gestiegen ist. Nach zwei Minuten liest man das Niveau in Bürette A ab, indem man den Hahn R öffnet und die beiden Flüssigkeitsniveaus durch Heben von D in eine horizontale Linie bringt.

Das abgelesene Niveau sei beispielsweise
$$A = 9{,}3.$$
Nachdem man R geschlossen und D wieder hochgestellt hat, absorbiert man in ganz gleicher Weise in dem Gefäß K den Sauerstoff. Die hierbei erhaltene Ablesung sei
$$A_1 = 10{,}4.$$
Zur Absorption des Kohlenoxyds ist das Verfahren das gleiche. Es wird zunächst Gefäß J, welches eine ältere

Lösung als H enthalten möge, und darauf H benutzt. Da das Kohlenoxyd sehr langsam absorbiert wird, muß man vor Ablesung des Niveaus das Gas aus der Bürette A in das Gefäß J und zurück, sodann aus A nach H und wieder zurückleiten und jede dieser Operationen mehrere Male wiederholen.

Das zuletzt nach A zurückgeleitete Gas enthält natürlich ammoniakalische Dämpfe, von denen es vor der Ablesung befreit werden muß. Zu diesem Zwecke bringt man es, durch eine den vorigen ähnliche Manipulation, in das Gefäß K, in welchem schnell jede Spur von Ammoniak durch die im Wasser enthaltene Phosphorsäure entfernt wird. Wenn man an Stelle von Kochsalzlösung mit Schwefelsäure angesäuertes Wasser in den Meßbüretten verwendet, ist die letzterwähnte Operation unnötig, weil das Ammoniakgas durch das angesäuerte Wasser der Bürette absorbiert wird. Die letztgefundene Ablesung sei $A_2 = 23,6$.

Es erfolgt nun die Verbrennung des Wasserstoffs, Methans und des noch zurückgebliebenen Kohlenoxyds im Platinrohr unter Zuführung der in Bürette B befindlichen Luft. Vorausgesetzt sei, daß in diesem Augenblick D hochgestellt ist, a und S geöffnet und alle andern Hähne geschlossen sind. Nach Öffnen von T und b mischt sich die Luft in B mit dem Gas in A und die Niveaus in beiden Büretten gleichen sich aus. Man zündet nun den Brenner unter der Platinröhre an und läßt das Wasser langsam durch die Kühler strömen. Wenn das Platinrohr rotglühend ist, öffnet man f. Das Gemisch von Luft und Gas gelangt nach dem Passieren der Verbrennungsröhre nach F. Sobald das Niveau des Wassers in beiden Büretten den Teilstrich 100 erreicht hat, senkt man schnell das Reservoir D auf den untern Stand, worauf das Gas aus F in die beiden Büretten zurückströmt und dabei ein zweites Mal die Verbrennungsröhre passiert.

Wenn das Niveau des Wassers die feste Marke des Gefäßes F erreicht hat, wird f geschlossen. Man löscht hierauf die Flamme aus, fährt aber noch zwei Minuten lang mit der Kühlung fort, um das Platinrohr gut erkalten zu lassen.

Das Gas der beiden Büretten A und B wird nun durch eine entsprechende Stellung des Reservoirs D und Öffnen des Hahnes R des Manometerrohrs auf äußeren Druck gebracht. Sobald dieser in den drei Röhren hergestellt ist, schließt man R, S und T. Das Gas möge jetzt in A das Niveau $\alpha = 11{,}6$ haben.

Man schließt jetzt b und leitet zunächst das in A befindliche Gas zur Absorption der Kohlensäure nach N.

Da die Glas- und Platin-Kapillarrohre noch von der Verbrennung herstammende Kohlensäure enthalten können, darf man das Niveau des Wassers in A nicht direkt ablesen, sondern muß das Gas aus A nach F und von F wieder nach A bringen, um die Kapillarröhren gut zu reinigen. Hierauf leitet man das Gas zum Zwecke einer zweiten Absorption von A nach N und von N nach A zurück und liest schließlich nach zwei Minuten bei äußerem Druck ab. Es sei $\alpha_1 = 12{,}5$.

Die Absorption des Sauerstoffs geschieht auf gleiche Weise.

Das Niveau bei atmosphärischem Druck sei
$$\alpha_2 = 18{,}8$$
Das Gas in der Bürette A enthält jetzt nur noch Stickstoff, welchen man durch Hochstellen von D und Öffnen von e in das Gefäß E treibt. Wenn das Wasser in A den Teilstrich 100 erreicht hat, schließt man e und S.

Jetzt wird das in Bürette B enthaltene Gas zum Zweck der Ablesung nach A übergeführt. Man öffnet T, b und f und schließt T, wenn das Wasser in B bis zur Marke 100 gestiegen ist. Nachdem D wieder tief gestellt ist, wird S geöffnet und f geschlossen, wenn das Wasser bis zur Marke des Gefäßes F zurückgestiegen ist. Das ganze Gas befindet sich nun in A. Sein Niveau bei atmosphärischem Druck sei

VI. Ergänzungen.

$$\beta = 36{,}5$$

Mit diesem Gasrest sind nun alle Operationen zu wiederholen, welche mit der ersten Hälfte des verbrannten Gases angestellt wurden.

Die aufeinander folgenden Ablesungen bei äußerem Druck nach Absorption von Kohlensäure und Sauerstoff seien

$$\beta_1 = 37{,}2$$
$$\beta_2 = 41{,}9$$

Es sind nun die folgenden Faktoren gegeben:

$A = 9{,}3 \quad \alpha = 11{,}6 \quad \beta = 36{,}5$
$A_1 = 10{,}4 \quad \alpha_1 = 12{,}5 \quad \beta_1 = 37{,}2$
$A_2 = 23{,}6 \quad \alpha_2 = 18{,}8 \quad \beta_2 = 41{,}9$

Der Gehalt des Gases an Kohlensäure ist $= 9{,}3$, an Sauerstoff $= 10{,}4 - 9{,}3 = 1{,}1$.

Der durch die Kupferlösung absorbierte Teil des Kohlenoxyds ist $= 23{,}6 - 10{,}4 = 13{,}2$.

Vor dem Mischen mit Luft aus Bürette B war das Volumen des übrigen Gases:

$$100 - 23{,}6 = 76{,}4.$$

Dieses Volumen wurde durch Mischen mit Luft:

$$100 + 76{,}4 = 176{,}4.$$

Nach der Verbrennung findet man einerseits wieder:

$$100 - 11{,}6 = 88{,}4 \text{ Volumina}$$

und anderseits:

$$100 - 36{,}5 = 63{,}5 \text{ Vol.}$$

also im ganzen:

$$151{,}9 \text{ Vol.}$$

Die Kontraktion nach der Verbrennung ist also:

$$C = 176{,}4 - 151{,}9 = 24{,}5.$$

Die durch Verbrennung gebildete Kohlensäure ist:

$$K = (12{,}5 - 11{,}6) + (37{,}2 - 36{,}5) = 1{,}6.$$

Der übrigbleibende Sauerstoff ist:

$$(18{,}8 - 12{,}5) + (41{,}9 - 37{,}2) = 11{,}0.$$

Das Volumen Sauerstoff, welches das Gas vor der Verbrennung einnahm, war $= 21$. Der zur Verbrennung verbrauchte Sauerstoff ist also:

$$S = 21 - 11 = 10{,}0.$$

Mit diesen drei gegebenen Faktoren:

$$C = 24{,}5$$
$$K = 1{,}6$$
$$S = 10{,}0$$

ist es nun leicht, die genaue Zusammensetzung des Gases zu berechnen.

Bekanntlich geben (siehe auch die vorhergehende Tabelle auf Seite 78):

1. 2 Vol. CO $+$ 1 Vol. O $=$ 2 Vol. CO_2
   (Kontraktion $= 1$ Vol.)
2. 1 Vol. CH_4 $+$ 2 Vol. O $=$ 1 Vol. CO_2 $+$ 2 Vol. H_2O
   (Kontraktion $= 2$ Vol.)
3. 2 Vol. H $+$ 1 Vol. O $=$ 2 Vol. H_2O
   (Kontraktion $= 3$ Vol.).

Unter Beibehaltung der obigen Bezeichnungen für C, K und S ergibt sich hiernach:

4. $C = \dfrac{CO}{2} + 2\,CH_4 + \dfrac{3H}{2}$

5. $K = CO + CH_4$

6. $S = \dfrac{CO}{2} + 2\,CH_4 + \dfrac{H}{2}$,

nach Auflösung dieser Gleichungen:

$$H = C - S$$
$$CH_4 = \frac{2C - (3H + K)}{3}$$
$$CO = K - CH_4$$

und in unserem speziellen Fall:

$$H = 24{,}5 - 10{,}0 = 14{,}5$$
$$CH_4 = \frac{49 - (43{,}5 + 1{,}6)}{3} = 1{,}3$$
$$CO = 1{,}6 - 1{,}3 = 0{,}3.$$

VI. Ergänzungen.

Das gesamte Kohlenoxyd ist also:
$$= 13{,}2 + 0{,}3 = 13{,}5.$$

Aus der Luft stammen 79 Vol. Stickstoff; der Gesamtstickstoffgehalt ist:
$$= (100 - 18{,}8) + (100 - 41{,}9) = 139{,}3.$$

Folglich ist der in dem Gase enthaltene Stickstoff:
$$= 139{,}3 - 79{,}0 = 60{,}3.$$

Die Summe aller dieser Körper muß genau 100 ergeben:

$$\begin{aligned}
CO_2 &= 9{,}3\\
O &= 1{,}1\\
CO &= 13{,}5\\
H &= 14{,}5\\
CH_4 &= 1{,}3\\
N &= \underline{60{,}3}\\
&\ 100{,}0
\end{aligned}$$

Bedeutend einfacher gestaltet sich die Operation, wenn man die Gefäße H und J wegläßt (Fig. 14), d. h. wenn man auf die teilweise Absorption des Kohlenoxyds verzichtet.[*]) In diesem Falle hat man folgende Manipulationen auszuführen:

1. Absorption der CO_2.
2. Absorption des O.
3. Mischung des Gasrestes mit 100 Vol. Luft.
4. Verbrennung des Wasserstoffs, Methans und des ganzen Kohlenoxyds in der Platinröhre.

(Da man in diesem Fall viel Gas zu verbrennen hat, läßt man das Gas 4—6 mal die Verbrennungsröhre passieren.)

5. Messen der Kontraktion.
6. Absorption der CO_2.

---

[*]) In den neusten Konstruktionen des Apparats sind die beiden Pipetten J und H überhaupt weggelassen, wie aus Figur 14 ersichtlich ist. Die Manipulationen haben sich infolgedessen als viel einfacher erwiesen und führen zu ebenso genauen Resultaten.

Die Firma E. Leybolds Nachfolger in Köln liefert die Apparate, je nach Wunsch, mit 2 oder 4 Pipetten.

90 VI. Ergänzungen.

7. Absorption des Restes O.*)

Die drei letztgenannten Operationen werden natürlich, wie bei dem vorigen Beispiel, mit der geteilten Gasmenge vorgenommen.

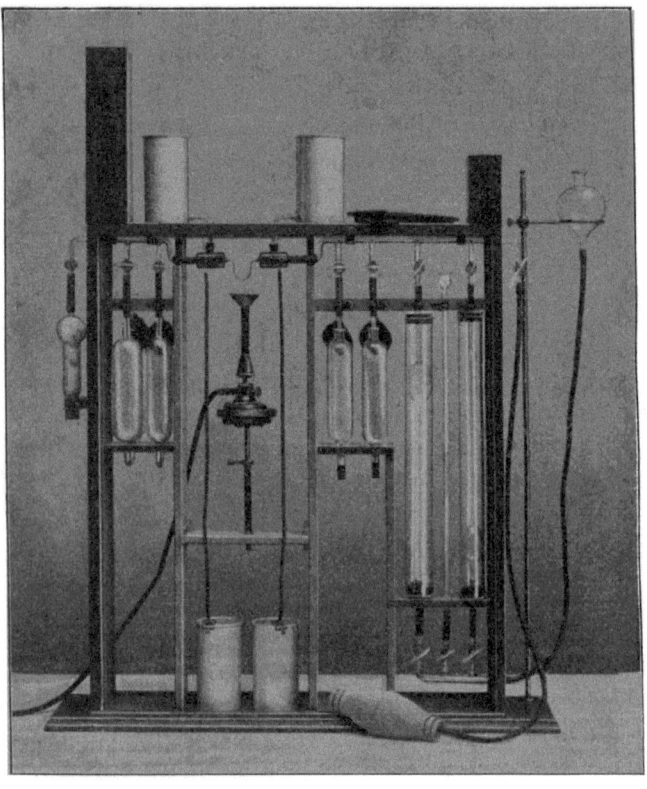

Fig. 14. Apparat Orsat-Wencélius (mit 2 Pipetten).

---

*) Ist nur ein geringer oder gar kein Rest von Sauerstoff vorhanden, so wäre ein neues Quantum Luft mit dem Gas zu mischen und eine zweite Verbrennung und darauf folgende Absorption von CO_2 und O auszuführen.

VI. Ergänzungen.

d) Berechnung der Wärmekapazität.

Nach der volumetrischen Analyse kann man mit Hilfe der Formel

$$30\,(CO + H) + 95 \cdot CH_4 = \text{Kalorien}$$

leicht die annähernde Wärmekapazität des Gases, ausgedrückt in Kalorien, pro cbm berechnen.

In unserem obigen Beispiel wäre die Wärmekapazität des analysierten Gases:

$$= 30 \cdot (13{,}5 + 14{,}5) + 95 \cdot 1{,}3 = 963{,}5$$

Kalorien pro Kubikmeter.

Literatur.

L. Campredon, Guide pratique du chimiste-métallurgiste et de l'essayeur, Paris (Librairie polytechnique, A. Baudry et Cie.) 1898.

Ad. Carnot, Méthodes d'analyses des fontes, des fers et des aciers, Paris (Vve. Dunod et P. Vicq). 1895.

G. Arth, Recueil des procédés de dosage pour l'analyse des combustibles, des minerais de fer, des fontes, des aciers et des fers, Paris (G. Carré et C. Naud). 1897.

A. Ledebur, Leitfaden für Eisenhütten-Laboratorien. 5. Auflage, Braunschweig (Vieweg). 1900.

H. Wedding, Die Eisenprobierkunst, Braunschweig (Vieweg). 1894.

A. A. Blair, Die chemische Untersuchung des Eisens. Berlin (Springer). 1892.

A. Wencélius, Analytische Methoden zum Gebrauche im Eisenhütten-Laboratorium zu Differdingen. (Verlag der Akt.-Ges. Differdingen-Dannenbaum) 1900.

Verlag von Julius Springer in Berlin N.

Die chemische Untersuchung des Eisens.

Eine Zusammenstellung der bekanntesten Untersuchungs-
methoden für

Eisen, Stahl, Roheisen, Eisenerz, Kalkstein, Schlacke, Thon, Kohle, Koks,
Verbrennungs- und Generatorgase.

Von

Andrew Alexander Blair.

Vervollständigte deutsche Ausgabe von L. Bürup, Hütteningenieur.
Mit 102 in den Text gedruckten Abbildungen.
In Leinwand gebunden Preis M. 6,—.

Quantitative Analyse durch Elektrolyse.

Von

Dr. Alexander Classen,

Geheimer Regierungsrat, Professor für Elektrochemie und anorganische Chemie
an der Königl. Technischen Hochschule zu Aachen.

Vierte umgearbeitete Auflage.

Unter Mitwirkung von Dr. Walter Löb, Privatdozent an der Kgl.
Techn. Hochschule zu Aachen.

Mit 74 Textabbildungen und 6 Tafeln.
In Leinwand gebunden Preis M. 8,—.

Grundlagen der Koks-Chemie.

Von

Oscar Simmersbach,
Hütteningenieur.

» » » » » Preis M. 2,40. « « « « «

Zeitschrift für praktische Geologie.

mit besonderer Berücksichtigung der Lagerstättenkunde und der
davon abhängigen Bergwirtschaftslehre.

In Verbindung mit einer Reihe
namhafter Fachmänner des In- und Auslandes

herausgegeben von

Max Krahmann.

Erscheint in monatlichen Heften.

Preis für den Jahrgang M. 18,—; für das Ausland zuzüglich Porto.

Zeitschrift für angewandte Chemie.

Organ des Vereins Deutscher Chemiker.

Begründet von Prof. Dr. Ferd. Fischer, Göttingen.

Im Auftrage des Vereins deutscher Chemiker herausgegeben
von

Dr. L. Wenghöffer.

===== *Erscheint wöchentlich.* =====

Preis für den Jahrgang M. 20,—; für das Ausland zuzüglich Porto.

Zu beziehen durch jede Buchhandlung.

MIX
Papier aus verantwortungsvollen Quellen
Paper from responsible sources
FSC® C105338

If you have any concerns about our products,
you can contact us on
ProductSafety@springernature.com

In case Publisher is established outside the EU,
the EU authorized representative is:
**Springer Nature Customer Service Center GmbH
Europaplatz 3, 69115 Heidelberg, Germany**

Printed by Libri Plureos GmbH
in Hamburg, Germany